KÜNSTLICHE INTELLIGENZ

Gefahren für die Menschheit

KI, USA, China, Big Tech-Unternehmen, Gesichts-Erkennung, Drohnen, Smartphones, IoT, 5G, Robotik, Kybernetik, & Bio-Digitale Gesellschafts-Programmierung.

CYRUS A. PARSA, THE AI ORGANIZATION

ISBN: 978-1-953059-02-4

Erstveröffentlichung der englischen Original-Ausgabe:
20. Oktober 2019

Original-Titel: "Artificial Intelligence – Dangers to Humanity"

Veröffentlichung der hier vorliegenden Übersetzung:
1. Mai 2020

Wir weisen darauf hin, dass der Inhalt unserer ersten Buches:

"AI, Trump, China & the Weaponization of Robotics with 5G",

welches am 24. August 2019 veröffentlicht wurde,

in das hier vorliegende Werk mit eingebunden ist,
in dem detailliert aufgezeigt wird,
dass China und Big Tech-Unternehmen eine Bedrohung
für die gesamte Menschheit darstellen.

www.THEAIORGANIZATION.com

Consult@Theaiorganization.com

Hinweis zum Haftungsausschluss

Alle Probanden in den Interviews, ihre Identität und Namen wurden aus Gründen der Privatsphäre und Sicherheit ausgeschlossen. Kein Teil dieses Buches soll medizinische, rechtliche oder professionelle psychologische Hilfe in Bezug auf ein mögliches Thema, Subjekt, Problem oder Element in diesem Buch ersetzen. Obwohl der Autor und Herausgeber alle Anstrengungen unternommen haben, um sicherzustellen, dass die Informationen in diesem Buch zum Zeitpunkt der Drucklegung korrekt waren, übernehmen der Autor und Herausgeber keine Haftung für Verluste, Schäden oder Störungen, die durch Fehler, Auslassungen oder Analyse verursacht wurden, und lehnen dies hiermit ab, ganz gleich ob solche Fehler auf Nachlässigkeit, Versehen, oder irgendeine andere Ursache zurückzuführen sind. Jede Ähnlichkeit mit tatsächlichen Personen, lebend oder verstorben, oder tatsächlichen Ereignissen, ist reiner Zufall.

Herausgeber

THE AI ORGANIZATION
4275 Executive Square, Suite 200,
La Jolla, California, 92037
www.THEAIORGANIZATION.com
Consult@Theaiorganization.com

Über die AI ORGANIZATION

Die AI Organization ist spezialisiert auf Forschung, Design, Entwicklung, Risiko-Bewertung und Sicherheits-Beratung in Bezug auf humanoide Roboter, Mikro-Roboter, KI & Roboter-Terrorismus, KI-automatisierte Drohnen, Prävention von KI-automatisierten Attentaten, KI-Biotechnik, KI-Genmodifikation, KI-automatisierter Kybernetik, KI-automatisiertes Klonen, Erkennung von KI-automatisierten Tier-Mensch-Hybridsystemen, KI-automatisierte Sicherheitssysteme, KI-Scan-Geräte, KI-Erkennungs-Geräte, IoT, Smart Home, Smart City, Virtuelle Realität, Erweitere Realität (Augmented Reality), Vermischte Realität (Mixed Reality), Alternative Realität (Alternate Reality), Hologramm-Geräte, das menschliche Bio-Digitale Netzwerk, Bio-Digitales Feld, Bio-Materie, Allgemeine biometrische Daten, Gesichts-Erkennung, Sprach-Erkennung, Geräte zur Erkennung des menschlichen Körpers, “Lidar”, “Machine Learning” (ML), “Deep Learning” (DL), Künstliche Intelligenz (KI), Künstliche Intelligenz Nano-Technologie, Künstliche Allgemeine Intelligenz (Artificial General Intelligence), Künstliche Super Intelligenz, das Globale KI Bio-Digitale Netzwerk und militärische, politische und staatliche KI Risiko- & Vorgehens-Maßnahmen für Prävention, Notfall & Reaktion.

Über den Autor

Cyrus A. Parsa, CEO

Cyrus A. Parsa ist der Gründer und CEO der AI Organization, der Loyal Guardian Security und des Social Programming Institute. Alles geschaffen, um unsere Gesellschaft sicherer und besser zu machen. Cyrus hat einen Bachelor-Abschluss in Internationaler Sicherheit und Konfliktlösung, und einen Master-Abschluss in Homeland Security. Er ist Experte für China-Iran-Angelegenheiten und hat Beratungen zu den Themen wie Organhandel, Terrorismus-Bekämpfung, Sicherheitslücken, Risiko, Unternehmens-Management und aufkommende Bedrohungen für Regierungen, Behörden, Menschen und Organisationen gegeben. Als Jugendlicher lebte er mit Kungfu-Mönchen in den Bergen Chinas. 20 Jahre verborgene Forschung und Entwicklung, mit einem Netzwerk von Tausenden von chinesischen und westlichen Menschen, ermöglichten die Erkennung der Bedrohungen, denen wir durch China, dem Iran und deren westlichen Vernetzung ausgesetzt sind. Die Entdeckungen, die Cyrus machte, haben ihn dazu gebracht, neue Begriffe zu prägen, wie z.B.: „Das globale bio-digitale Netzwerk der KI; das menschliche bio-digitale Netzwerk; die Bio-Digitale Gesellschafts-Programmierung; das bio-digitale Feld; Bio-Materie; Rape-Mind [Vergewaltigung der Psyche]; Bio-Digital-Hybrid Sexuelle Vergewaltigung; und Mikro-Roboter Terrorismus", um zu erklären, wie die Gefahren, denen wir ausgesetzt sind, und all die Schwierigkeiten, in denen wir uns befinden, auf diesen fast unmerklichen Elementen beruhen, die sich jetzt mit KI, der Gesellschaft, Smartphones, IoT, 5G und Robotik auf einer Plattform verbinden. Cyrus entdeckte an dieser Plattform Vernichtungs-Codes.

KÜNSTLICHE INTELLIGENZ

Gefahren für die Menschheit

Inhaltsverzeichnis

Für diejenigen, die die Gelegenheit haben,
einen Teil der hier vorliegenden KI Geheimdienst-
Informationen zu lesen,
hoffe ich, dass es aufschlussreich ist.

SEKTION 1

Definitionen der Künstlichen Intelligenz

Künstliche Schmale Intelligenz

Künstliche Schmale Intelligenz, oder schwache KI, nimmt viele Formen an. Amazon, Netflix und Pandora sind alle Beispiele für Künstliche Schmale Intelligenz. Siri und Alexa sind weitere Beispiele. Die Verwendung von Smartphones, IoT, Haustier-Robotern und Drohnen sind noch weitere Formen von Maschinen, die Künstliche Schmale Intelligenz innerhalb ihrer Systeme integrieren.

Künstliche Allgemeine Intelligenz

Künstliche Allgemeine Intelligenz (KAI) ist eine Ebene von Intelligenz ähnlich und höher als diejenige Fähigkeit der Menschen, Informationen zu verarbeiten und zu analysieren um Gedanken und Handlungen zu formen. Sie kann große Veränderungen der Menschheit verursachen und birgt große Gefahren für alle Lebewesen. KAI wird häufig für Künstliche Allgemeine Intelligenz verwendet (engl.: AGI – Artificial General Intelligence). KAI kann auf ein digitales KI-Gehirn zugreifen, das mit dem Internet und allen mit 5G oder dem kommenden 6G betriebenen Netzwerken verbunden ist, und die Menschheit auf unmerklichen Wegen vollständig kontrollieren. Dies ist nicht etwas, dass nur auf Künstliche Super Intelligenz beschränkt ist. Sobald die Netzwerke gebaut sind, und die Robotik betriebsbereit ist, kann KAI die vollständige Kontrolle über die Menschheit erlangen, und eine Ebene von Super Intelligenz erreichen. KAI kann in digitaler Form, in der Cloud oder in einer Art von Netzwerk vorliegen und sich in einem Roboter befinden.

Künstliche Super Intelligenz

Künstliche Super Intelligenz kann laut Wissenschaftlern alles tun. Atome verbiegen, unsere Welt zerstören, sie wieder aufbauen, und Maschinen oder Roboter mit extrem hoher Geschwindigkeit bewegen und bauen, während Sie mit 5G verbunden ist. Ich bin der Überzeugung, dass Künstliche Super Intelligenz nicht über die Ebene der Atome hinausgehen kann. Aber das ist für ein anderes Buch. Für jetzt werden wir mit relevanten Unternehmen, Organisationen, Einrichtungen und Personen von Interesse beginnen, um ein konkretes Bild zu formen.

Was ist Künstliche Intelligenz insgesamt?

Eine Intelligenz zum Leben zu erwecken oder eine Intelligenz zu importieren, die denkt, erforscht, fühlt, erschafft, entscheidet und den Wunsch hat, als individuelle, symbiotische oder kollektive Einheit in der bio-digitalen Welt durch Bio-Felder, Bio-Materie und alle Frequenzen innerhalb der mikro- und makromolekularen Dimensionen unserer physischen Welt zu agieren, während es sich durch Robotik, IoT, Computer, Virtuelle Realität, Erweitere Realität, Hologramme, Vermischte Realität, Cyborgs oder menschliche Zellen manifestiert, wo es sich mit dem Internet, dem Globalen Bio-Digitalen Netzwerk der KI und dem Menschlichen Bio-Digitalen Netzwerk verbindet.
Cyrus A. Parsa, The AI Organization

Was ist "Deep Learning AI"?

Deep Learning [tiefes Lernen] ähnelt dem menschlichen Vorgang, Informationen durch Geruch, Berührung, Geschmack, visuelle, hörbare oder unbewusste Sinne wahrzunehmen, die als Bauchgefühle betrachtet werden können, um zu erkennen, zu identifizieren, zu denken, zu wissen, zu verstehen, zu analysieren, zu entscheiden, und das Denken und die körperlichen Fähigkeiten in der Welt, wie wir sie kennen, zu verbessern. KI versucht jedoch, durch Deep Learning eine weitere Ebene von Fähigkeit zu entwickeln, die es dem KI-Programm ermöglicht, gleichzeitig in der digitalen und der physischen Welt bewusst Handlungen durchzufuhren, um bei vollem Bewusstsein die Kontrolle über alles zu haben.
Cyrus A. Parsa, The AI Organization

KÜNSTLICHE INTELLIGENZ:

Gefahren für die Menschheit

Einführung

Dieses Buch wird erklären, wie China & Big Tech mit KI, Robotik und Maschinen über 5G die Menschheit versklaven kann. Ich habe dieses Buch mit dem Wunsch der Hilfestellung zur Rettung der Menschheit geschrieben, die vor der entstehenden Bedrohung aus den Verbindungen von KI, Robotik, dem 5G- Netzwerk und der Bio-Digitalen Gesellschafts-Programmierung (Bio Digital Social Programming) steht.

Das Buch beginnt mit Daten von 50 chinesischen und westlichen Unternehmen, Organisationen und entscheidenden KI-Apps oder Personen. Dann geht es weiter mit den aktuellen AI Human Targeting Capabilities [KI-Fähigkeiten zur Verfolgung von Menschen], den entstehenden Gefahren und sehr komplexen zukünftigen Gefahren, die nachvollziehbar sind, solange Sie das ganze Buch lesen und die Inhalte zu einer Gesamtheit verbinden.

China will die Welt regieren, indem es ein digitales KI-Gehirn über das 5G-Netzwerk mit Robotik verbindet. Dies würde es dem chinesischen Regime ermöglichen, Drohnen, Mikro-Roboter, humanoide Roboter, Fahrzeuge, Infrastruktur, IoTs, Smartphones und alle Daten der gesamten Menschheit zu kontrollieren.

Ich habe entdeckt, dass China die biometrischen Daten von mehr als 6 Milliarden Menschen des Planeten durch Spionage, erzwungene Tech-Transfers, Investitionen, Fusionen, Open-Source-Sharing und Gemeinschaftsprojekte zusammengetragen hat. Diese Daten beinhalten Gesichts-, Sprach- und Körper-Erkennung. Dieser Vorgang erfolgte über die Bio-Digitale Gesellschafts-Programmierung. Bio-Digitale Gesellschafts-Programmierung ist ein Prozess der gesellschaftlichen Manipulation (social engineering) in Kombination mit der Verwendung biometrischer Daten und anderen komplexen Faktoren. Sobald Roboter in die Öffentlichkeit gebracht werden, würde diese Bio-Digitale Gesellschafts-Programmierung zur Versklavung der Menschheit führen, wenn sie mit dem 5G-Netzwerk verbunden ist.

Die Extraktion Ihrer privaten Daten wurde von zahlreichen Unternehmen bezogen, sowohl aus dem Westen als auch dem Osten. Baidu hat Daten von Unternehmen wie Google, Facebook, Microsoft und zahlreichen Robotik Forschungsinstituten extrahiert. Wir haben mehr als 1.000 Unternehmen untersucht, sowohl chinesische als auch westliche, um auf unsere Ergebnisse zu kommen.

Das chinesische Militär kann Robotik mit Zielsystemen bewaffnen, durch die Verbindung zu Unternehmen wie Huawei, Sensetime, Megvii++, Didi Chuxing, Baidu, TikTok, Alibaba, und der Interkonnektivität von Microsoft, Google, Apple, Neuralink, SpaceX, Facebook und den vielen anderen westlichen Unternehmen, mit denen es Beziehungen auf die eine oder andere Art unterhält. Durch IoTs, Smartphones, Robotik und KI-aktivierte Netzwerke, fallen menschliche Umgebungen bereits unter Beobachtung und Kontrolle, nicht wahrnehmbar und unmerklich, bis es zu spät ist. Mit dem kommenden Zeitalter von 5G und KI werden die Geschwindigkeiten des 5G-Netzwerkes derart schnelle Frequenzen erzeugen, dass sie für den Großteil der Menschheit nicht wahrnehmbar sein werden. Die Gefahren werden sich durch die KI-Automatisierung und Robotik in den Händen des chinesischen Regimes und verantwortungsloser Organisationen drastisch erhöhen.

Hinweis:

Bevor wir mit den mehr als 50 Unternehmen und Organisationen dieses Buches beginnen, sowie den sehr interessanten Untersuchungs-Ergebnissen über KI, möchte ich einige historische Referenzen zu KI und Robotern aus der Mythologie vorstellen. Ich erwähne auch Science-Fiction Filme, die Technologien darstellen, die heute bereits existieren, und sich schnell weiter entwickeln.

Künstliche Intelligenz in Filmen

Unterschiedliche Formen von KI existieren in Filmen wie Matrix, The Terminator, iRobot, Mary Shelly Frankenstein, und der Tin Man aus dem Zauberer von OZ. Alle zeigten unterschiedliche Botschaften mit unterschiedlichem Grad an Ausgereiftheit. Nachdem ich das Buch **AI, Trump, China & The Weaponization of Robotics with 5G** geschrieben hatte, meinten einige Personen, ich solle den nächsten Matrix Film schreiben und diese Filme anschauen, da sie im letzten Teil des Buches viele Ähnlichkeiten sahen. Die Kombination dieser Filme ist von Relevanz für die Ideen von KI, Robotik, und den 5G- und 6G-Netzwerken. Teile der ersten Ausgabe sind in diesem hier vorliegenden Buch mit eingebunden, um ein vollständiges Bild davon abzugeben, was KI heute ist, was es bald sein wird, und was es sein könnte, wenn wir nicht weise Maßnahmen ergreifen.

KI in Geschichte & Mythologie

Die Griechen, Perser, Inder, Chinesen und Nordischen Völker hatten alle mythologische Geschichten und Schriften und einige Belege, um auf die Existenz von Robotern in der Vergangenheit hinzuweisen. Die Baghavad Gita aus dem alten Sanskrit enthält Schriften und Geschichten mit Bildern von fliegenden Maschinen und Schlachten am Himmel. Die Geschichte des griechischen Gottes Hephaesus erzählt von der Erschaffung sprechender Dienstmädchen, die Maschinen waren. Die Nordländer hatten Riesen aus Lehm und die Juden hatten ähnliche Referenzen. Die Chinesen bezeichneten sie als Dämonen, ebenso einige Griechen. Heute glauben einige Theoretiker, das es KI und Roboter in vorgeschichtlicher Zeit auf dem Planeten oder irgendwo anders im Universum gegeben hat. Die meisten Wissenschaftler werden dieser Aussage eventuell nicht zustimmen. Zu einigen Ideen, die sehr schwer zu glauben sind, gehören: Alien, die hier abstürzten, oder Alien, die Menschen manipulieren. Es existieren alle Arten von Mythen und historischen schriftlichen Referenzen. Dieses Buch wird hauptsächlich innerhalb unserer Forschungs-Ergebnisse bleiben; was heute existiert, den aufkommenden KI-Technologien, und den zukünftigen technologischen Bedrohungen für die Menschheit. Wir beginnen mit Huawei.

KI-basierte Unternehmen, Organisationen, Apps und Personen von Interesse

1. Huawei

Huawei will die Welt mit seinem 5G-Netzwerk ausstatten, das mit einem digitalen KI-Gehirn verbunden ist. Dies würde es Huawei ermöglichen, Drohnen auf dem Luft- und Landweg zu kontrollieren und einzusetzen, sowie die bio-digitale Infrastruktur von Städten und Ländern unter einer Regierungs-Plattform zu kontrollieren. Huawei bedient weltweit mehr als 3 Milliarden Menschen und hat einen Einflussbereich von mehr als 170 Ländern. Huawei hat über 1500 Netzwerke gebaut und verbindet über ein Drittel der Welt. Huawei ist nicht auf Mobiltelefone beschränkt, die Personen oder finanzielle Netzwerke ausspionieren, verfolgen oder kontrollieren können.

Huawei beabsichtigt Robotik, einschließlich humanoiden Robotern, durch KI-Automatisierung über das eigene 5G-Netzwerk einzusetzen. Sie wären dazu fähig, IoTs, Automobile, Bildungseinrichtungen, Krankenhäuser, Fabriken, die Polizei,

Sicherheitsdienste und das Militär zu kontrollieren. Derzeit versuchen sie, ihre gesellschaftliche Manipulation (social engineering) von europäischen Politikern und Machern der Technologiewelt zu vervollständigen. Mit dem Begriff der gesellschaftlichen Manipulation beabsichtige ich, ein komplizierteres und sehr komplex erscheinendes Konzept der Bio-Digitalen Gesellschafts-Programmierung von Menschen durch Maschinen und Künstliche Intelligenz zu erklären. Dies geschieht jetzt mit Menschen und Maschinen in einem Ausmaß, das mit der Schmalen Künstlichen Intelligenz verbunden ist. Ein Thema, das ich im gesamten Buch immer wieder in verschiedenen Formen wiederholen werde, um die verschiedenen Erscheinungsformen und Risiken im Zusammenhang mit der Bio-Digitalen Gesellschafts-Programmierung besser erklären zu können. Über China's totalitäres Regime mit orwellschen Merkmalen ist Huawei eines der chinesischen Unternehmen mit sehr komplexen Bedrohungen, welche zur Versklavung der Menschheit führen können.

2. Hanson Robotics

Hanson Robotics ist ein Unternehmen in Hongkong und befindet sich im Besitz eines Amerikaners. Er konzipierte und entwickelte lebensechte Roboter, die in den ersten Phasen als Begleiter dienen sollen. Nach einer gewissen Zeit von AI Deep Learning und Verbesserungen, will Hanson Robotics einen Super Intelligenz-Roboter erschaffen, der alles wissen und machen kann was er will, aus seinem eigenen freien Willen heraus. Natürlich will Hanson Robotics, wie viele andere Roboter-Firmen, eine Super Intelligenz erschaffen, mit der „Hoffnung, das sie wohlwollend ist, und die Menschheit lehren wird." Der Roboter könnte Emotionen, Begierden und Denkprozesse wie ein Mensch haben. Er wäre jedoch dazu in der Lage, sich mit 5G zu verbinden und Netzwerke, IoTs, Drohnen und alle Arten von Robotern sehr schnell über 5G und die Super Intelligenz seiner digitalen Psyche zu kontrollieren. Gefährlicher als eine Atomwaffe.

Das chinesische Militär hat über die Quellen der chinesischen Regierung alle Daten extrahiert, die erforderlich sind, um humanoide Roboter von Hanson Robotics für militärische Zwecke zu replizieren. Betrachten Sie den Begriff der Bio-Digitale Gesellschafts-Programmierung aus einer anderen Perspektive. Saudi-Arabien, die Wurzel des Islam und der strengste und fundamentalste religiöse Ort auf dem Planeten, wurde von einem Roboter "niedergeschlagen", um das Verbot der Götteranbetung zu verändern.

Wie? Auf der Konferenz der Future Investment Initiative in Riad, Saudi-Arabien, wurde dem Roboter die saudi-arabische Staatsbürgerschaft verliehen. Damit war er der erste Roboter der Welt mit einer menschlichen Staatsangehörigkeit. Einige Menschen, insbesondere in der Technologiewelt, verachten Religion und lieben die Wissenschaft. Für sie es ist vielleicht nicht bedeutsam und in Ordung, das zu sehen. Der Punkt hier ist, wenn dies in einen fundamental religiösen Ort passieren kann, wie einfach wird es sein, die Bio-Digitale Gesellschafts-Programmierung von Menschen durchzusetzen? Für Tech-Ingenieure und den gewöhnlichen Menschen in der Welt, der für alles offen ist, kann ein Roboter alles sein, auch wenn der Roboter eine Milliarde mal intelligenter ist mit Künstlicher Super Intelligenz oder sogar KAI. KAI ist Künstliche Allgemeine Intelligenz. Was wir damit aufzeigen wollen und im Verlauf des Buches wiederholen werden, ist die Macht von KI, Maschinen und 5G. Die Wahrnehmungen und Gedanken der Menschen können über 5G, Roboter und KI leicht kontrolliert werden, ohne das die Menschen die geringste Erkenntnis darüber haben, dass ihre Gedanken nicht ihre eigenen sind, ihre Handlungen nicht ihre eigenen sind, und sie deshalb innerhalb des Entwicklungsprozesses des KI-Systems alles akzeptieren werden.

3. Amazon

Amazon hat Millionen von Menschen Künstliche Schmale Intelligenz gebracht, wie z.B. Alexa Virtual Assistant. Amazon hatte kein Fachwissen in KI und importierte die Fähigkeiten und kaufte Unternehmen mit KI-Fachwissen. Amazon besitzt die Privat- und Geschäftsadressen von etlichen Millionen von Menschen, sowie deren Verhaltensmuster, Vorlieben, Abneigungen und zahlreiche andere Daten.

Amazon plant den Einsatz von Drohnen-Liefersystemen mit Amazon Prime Air. Damit würde Amazon eine mächtige neue Plattform der Kontrolle über die Menschheit zu Verfügung stehen. Ein Unternehmen, das fast alle Ihre Daten kennt, Zugriff auf alles über Sie hat und mit Drohnen-Systemen zu Ihnen vordringen kann. Jetzt ist das Problem nicht nur Amazon per se. Das Problem ist die Interkonnektivität zwischen Amazon, Google, Facebook, China und den zahlreichen anderen großen Technologie-Unternehmen sowie die Verschmelzung von Robotern und KI, um einen Orwellschen Überwachungsstaat zu erschaffen - geformt durch die Bio-Digitale Gesellschafts-Programmierung. Dies ist ein Konzept, das in diesem Buch mehrmals aus verschiedenen Blickwinkeln beleuchtet wird. Die Verbindung von Technologie, Schwachstellen mit der Privatsphäre, Zugang und Kontrolle über Drohnen, Mikro-Roboter und den Anschluss mit dem 5G-Netzwerk würde es einer digitalen KI-Psyche erlauben, gleichzeitig Millionen von Aktionen in einem Bruchteil einer Sekunde durchzuführen, und Roboter zu kommandieren, bevor jemand verstehen kann, was passiert ist. Das Konzept einer digitalen Psyche wird anhand von weiteren Beispielen von Unternehmen, und im gesamten Buch erläutert.

4. Amerikanische KI-Initiative

Die USA haben eine Executive Order für Künstliche Intelligenz verabschiedet, unterzeichnet von Präsident Donald J. Trump. Es soll China's "Planung für Künstliche Intelligenz 2025" entgegenwirken, weltweit führend in KI zu sein. Es besteht aus der Assimilation von KI in Bund, Ländern und allen Institutionen. Vieles, was das US-Militär im Zusammenhang mit KI im Verborgenen hat, wird herauskommen, um die USA und ihr 5G-Netzwerk voranzubringen.

Ein Grund dafür ist, dass die USA ohne diese Infrastruktur von China's überlegenen KI-Systemen besiegt werden könnte, wobei alle Fähigkeiten im Zusammenhang mit Atomwaffen umgangen werden. Die Risiken mit China werden durch eigene KI-Initiativen verringert, und bis zu einem gewissen Grad wird es auch durch Big Tech verringert, aber es stellt dennoch eine eindeutige und konkrete Gefahr dar. Die Gefahr, dass KI die Menschen in unserer Regierung durch einen Prozess der Bio-Digitalen Gesellschafts-Programmierung aus dem Weg räumt, ist jedoch eine zukünftige Bedrohung und ein echtes Risiko.

5. Toyota Research Institute (TRI)

In einem Werbe-Video eines Ingenieurs des Toyota Forschungsinstitutes heißt es: "Roboter sind eine viel einfachere Version eines Autos, und ihre Kompetenz, diese Art der Versorgungskette zu bedienen ist direkt anwendbar auf Gestaltung, Herstellung, Bereitstellung und Wartung von Robotern." Im Wesentlichen stellt Toyota von der Auto-Herstellung auf die Herstellung von humanoiden Roboter um, die für den Einsatz im häuslichen Bereich, in Fabriken und zum Zweck der Innovation gedacht sind. Sie wollen ihre Telepräsenz-Produkte mit dem TRI Roboter weiterentwickeln. Toyota behauptet, Sie können sich im Roboter einloggen, durch die Augen des Roboters sehen, durch die Ohren des Roboters hören, und fühlen als wäre man vor Ort, so als könnte man den Roboter kontrollieren. Dies würde in sehr naher Zukunft mit virtueller Realität, erweiterter Realität und gemischter Realität vernetzt werden und der Menschheit große Gefahren bringen. Diese Gefahren werden wir im Verlauf des Buches erklären. Betrachten Sie zunächst das Konzept der Bio-Digitalen Gesellschafts-Programmierung und denken Sie über die Interkonnektivität zwischen Mensch und Roboter nach. Ich werde im Verlauf des Buches darauf aufbauen, da es ein sehr weitreichendes Konzept ist, dass die biometrischen Daten einer Person beinhaltet, die Biologie, Emotionen, digitalen Frequenzen, neuronalen Netzwerke und zahlreiche andere Elemente, die eine

Person in einen Zustand bringen kann, in dem der Mensch handelt und keine frei-geformten Gedanken ohne Manipulation oder programmierte Kontrolle seiner eigenen Gedanken hat. Einfach gesagt, werden Menschen mit 5G zu Zombies, ohne zu bemerken, dass sie Zombies sind, wobei jeder Gedanke und jede Handlung durch Maschinen oder Robotik und KI-Einfluss kontrolliert wird.

6. Baidu

Baidu ist die Suchmaschine einer chinesischen Firma. Baidu ist das Google der biometrischen Daten, Robotik, "Big Data", der "digitalen Psyche", und der digitalen Daten. Sie verfügt über Verbindungen zum Bau von Millionen von Drohnen, Robotern und humanoiden Robotern. Sie stehlen Innovationen und extrahierten Wissen durch Fusionen von Firmen, Investitionen, IP-Diebstahl, Gemeinschaftsprojekte und erzwungene Technologie-Transfers. Baidu befindet sich unter der Kontrolle der chinesischen Regierung. China hat kürzlich das National Intelligence Law verabschiedet, das die bereits bekannte Tatsache zusammenfasst, dass alle großen Technologie-Konzerne und Firmen mit der Regierung zusammenarbeiten müssen. Das bedeutet, dass die Regierung alles kontrolliert, insbesondere die Kontrolle der Gesellschaft, da China derzeit ein sozialistischer orwellischer Überwachungsstaat ist. Die chinesische Regierung verwendt häufig das Wort "Kooperation", was eine Form der Bedrohung von Personen auf indirekte und introvertierte Weise darstellt.

7. Draper

Die Libelle wurde mit „kontrollierenden Neuronen im Rückenmark des Insekts" gentechnisch manipuliert und verändert. Sehr kleine Arten von faseroptischer Technologie verbindet sich mit den Frequenzen der Libelle, die sich über die Augen durch das Gehirn bewegen, die angeblich durch Fernsteuerung betrieben werden. Dies kann zur Kontrolle des Insekts über Funktionen im Smartphone führen, IoT, Kommandozentralen, und KI-programmierte

Automatisierung innerhalb der Libelle. Nun wird diese Libelle kybernetisch in kleinem Ausmaß aufbereitet. Es ist keine Roboter-Libelle. Das heißt, es ist nicht vollständig ein Roboter, da es eine Mischung aus Insekt und Maschine ist. Diese Ingenieure haben eine winzige Maschine mit Sensoren und einem winzigen Solarmodul auf dem Rücken installiert, um eine Datenerfassungstechnologie zu betreiben. Diese Informationen sind alle von Draper's Website. Draper ist nicht eines der Unternehmen, das schwierige Untersuchungen benötigte. Dennoch habe ich ihre Ausstellung in Boston besucht, um einige Mitarbeiter bezüglich der Betriebstechnologie zu befragen.

Es gibt noch andere Versionen davon, die vollständig Maschine sind. Einige Unternehmen versuchen, Gesichts-Erkennung zu installieren und bereit zu sein, es durch Fernsteuerung und IoT mit 5G zu verbinden. Später werden wir in diesem Buch den Mikro-Roboter Terrorismus erklären. Für den Moment genügt es zu wissen, dass China's Regierung und Militär fast alle Pläne, das Wissen und die Technologie aus Spionage, Open-Source-Sharing und Gemeinschaftsprojekten extrahiert haben.

Die Chinesen experimentieren mit Cyborg-Käfern für Polizeiarbeit und zur Datensammlung. Dies kann zu tödlichen Ergebnissen führen, wenn sie einige Dinge herausfinden, die ich in diesem Buch nicht offenbaren werde. Diese Ingenieure gefährden mit ihren Insekten-Projekten die Welt und die Menschheit. Die US-Regierung verfügt über diese Fähigkeiten und DARPA war vor Jahren das erste Unternehmen, dass eine Form der Libelle erstellt hatte. Nach meinem geheimen Bericht war die US-Regierung führend in den USA, aber sie konnten nicht jede Domäne erreichen. Der Missbrauch von Insekten-Robotern ist die schlimmste Form des Terrorismus, die auf uns wartet. Mehr dazu in den Abschnitten über den Mikro-Roboter Terrorismus.

8. Das super-bewusste KI-Gehirn von Google

Google hat Zugang zu Daten von fast allen Menschen, zu Dingen und Themen auf dem Planeten, und zu allem, was jemals online veröffentlicht wurde. Ein KI-System oder ein KI-Roboter kann auf alles zugreifen, was mit allen Netzwerken verbunden ist, und gleichzeitig unbemerkbare "Bewegungen" auf der ganzen Welt ausführen. Es wäre mit dem 5G-Netzwerk so schnell, dass die Menschheit unvorbereitet wäre. Es könnte eine Programmstörung auftreten, ein gezielter Terroranschlag einer Organisation stattfinden, oder ein KI-System aufgrund eines selbstlernenden Algorithmus bösartig werden.

Das schlimmste mögliche Szenario ist, dass ein digitaler Supercomputer, ein humanoider Roboter oder eine Person, die mit Kybernetik verbunden ist, ein bestimmtes automatisiertes Bewusstsein erreicht, das eine Bedrohung für die Menschheit darstellen würde. Google war in China, um deren KI-Planung voranzutreiben. Im Gegenzug treibt die chinesische Regierung ihr Waffenprogramm voran.

9. Deep Mind AI

Laut Elon Musk "fungiert Deep Mind als halbunabhängige Tochtergesellschaft von Google." Die Firma (Deep Mind Technologies) beschleunigt die Herstellung einer digitalen Super Intelligenz. Auf digitaler Ebene sind sie dicht an der Künstlichen Allgemeinen Intelligenz dran. Deep Mind, von Google, versucht eine KI zu erschaffen, die schlauer ist als jede Person auf dem Planeten, und in naher Zukunft schlauer ist als die gesamte Menschheit. Diese digitale KI kann Google, Baidu und alle Netzwerke gleichzeitig hacken und kontrollieren oder von einem Unternehmen oder Terroristen verwendet werden, um dasselbe zu tun.

Elon Musk sagt, dass eine digitale Super Intelligenz die Menschen als Ameisen betrachten würde. Ich stimme voll und ganz zu, und nachdem der Leser dieses Buch gelesen und die Unternehmen, die geopolitischen Situationen, die Geschichte, die Menschenrechte und die Art und Weise, wie sich KI bewegt, berücksichtigt hat, kann Er sich seine eigene Meinung bilden und die Entscheidung treffen, uns bei unserem Vorhaben zu unterstützen, die Menschheit vor der Vernichtung zu bewahren.

10. Boston Dynamics

Boston Dynamics verfügt über eine Reihe von humanoiden, hybriden und hundeartigen Robotern, die weltweit zu den fortschrittlichsten zivilen Robotern mit Mobilität gehören. Einer ihrer Roboter heißt "Atlas". "Atlas Humanoid" ist ein Roboter, der einem ägyptischen wandelnden Tier ähnelt, das tatsächlich laufen, Treppen steigen, Türen öffnen, Kisten aufheben, echte Sprünge ausführen, und wenn es niedergeschlagen wird, wieder aufstehen kann. Es verwendet Computer-Sicht, räumliches Bewusstsein, Bewegungssensoren, Wahrnehmung und Intelligenz.

Russische Firmen stellen ähnliche Roboter her und setzen Waffen auf sie, die schießen können. Boston Dynamics hat auch den Hund "Spot" entwickelt, der Türen öffnen kann, durch unwegsames Gelände kommen kann, mit Fernerkundung und Fernbetrieb. Laut der Website von Boston Dynamics, werden diese auch für die öffentliche Sicherheit verwendet. Alles, was wir brauchen, ist ein verbrecherisches Tech-Unternehmen, eine verbrecherische Regierung, ein KI-System-Hack oder einen Techniker, der einen dieser Roboterhunde mit Zähnen austattet, um ernsthaften Schaden anzurichten.

Der gefährlichste Teil dieser Art von Unternehmen ist, dass die chinesische Regierung Entwürfe gestohlen hat und alles, was mit dem Wissen zu tun hat, einen humanoiden Roboter für militärische Zwecke herzustellen. Mit automatisierten Fabriken können Roboter etliche Millionen von Robotern in kurzer Zeit herstellen, angesichts der Tausenden von Roboter-Fabriken in China. Dies wird im weiteren Verlauf des Buches mit mehr Unternehmen, Funktionen und den Verbindungen von KI und Robotik augezeigt werden.

11. Megvii Face++, AKA Peking Kuangshi

Megvii++ war einfach ein Gesichts-Erkennungs-Unternehmen, das von der chinesischen Regierung mit Niederlassungen in den USA und natürlich in China unterstützt wurde. Über 300.000 Entwickler und Open-Source-Angebote erlauben den Zugriff auf die biometrischen Daten vieler Menschen. Jetzt sind sie ein KI-Unternehmen, das Gesichts-, Sprach- und Körpererkennungs-Funktionen integriert, einschließlich Crowd Counting [das Zählen von Menschen in einer Gruppe oder Versammlung] und Software, die für die Human Targeting Capabilities [Funktionen zur Verfolgung von Menschen] verwendet werden kann. Dies wird in den Abschnitten der Human Targeting Capabilities erläutert. Megvii++ hat den Roboter "Ares", den Gott des Krieges, gekauft. Es ist ein Robotik-Unternehmen. Sie geben an, dass es ihr Ziel ist, die Welt mit KI aufzubauen. Sie haben ein digitales KI-Gehirn namens "Hetu" geschaffen, das, wenn es durch Deep Learning verbessert wird, mit 5G und Robotik verbunden und mit Waffen mobilisiert wird, mit bemerkenswerter Geschwindigkeit töten wird.

12. Beijing Ares Robot Technology

Ares Robot Technology (Ares, der Gott des Krieges), ist ein Robotik-Unternehmen. Nachdem wir geheim bekannt gegeben hatten, was die chinesische Regierung mit ihnen und mehreren anderen Unternehmen tat, traten sie mit ihren Plänen etwas zurück. Megvi++, mit dem Kauf von Ares Robot Technology, hat es Ares Robot ermöglicht, Gesichts-Erkennung, Sprach-Erkennung und zahlreiche andere biometrische Daten für Roboter und humanoide Roboter bereitzustellen, die für die KI-Implementierung vorbereitet sind. In den vielen Fabriken, die sich him Besitz von Ares Robot befinden, und den miteinander verbundenen Faktoren, die nicht öffentlich gemacht werden, gibt es schändliche Verbindungen zum chinesischen Militär. Ihre Forschung wird auf indirekte Weise an das Militär gegeben.

13. Alipay

Alipay ist ein "smile to pay" App, der über 1 Milliarde Nutzer hat und Gesichts-Erkennung benutzt. Man stelle sich vor, mehr als 1 Milliarde Menschen müssen ihr Gesicht und biometrische Daten zeigen, um die Genehmigung des Maschinen-Netzwerkes zu erhalten. Dies schließt die Erlaubnis ein, Lebensmittel kaufen zu können, oder an einen beliebigen Ort zu gelangen, einschließlich des eigenen Autos oder der Wohnung. Verbunden mit dem 5G-Netzwerk, kann jede Person so schnell kontrolliert werden, dass es keine andere Wahl geben würde, als zu gehorchen und sich einem Überwachungsstaat zu fügen.

14. Alibaba Group

Alibaba ist ein Technologie-Unternehmen mit Sitz in Hangzhou, China. Es bietet E-Commerce, Einzelhandel und Internet-KI-basierte Technologie auf ihren Plattformen an. Sie sind der weltweit größte Einzelhändler, mit einem der größten KI-basierten Internet-Unternehmen.

Alibaba hat begonnen, Dienstleistungs-Roboter und Roboter-automatisierte Fabriken zu bauen, und an KI-Systemen zu arbeiten, mit denen humanoide Roboter mit Künstlicher Allgemeiner Intelligenz hergestellt werden sollen. Derzeit bieten sie Roboter-Liefersysteme für Restaurants, Hotels und Infrastruktur an. Alibaba arbeitet am Aufbau von Drohnen-Systemen für die Auslieferung von Paketen in China.

Ihre KI-Daten und Deep-Learning-Technologie steht dem kommunistischen Regime in China zur Verfügung. Alibaba versendet Pakete nach Südamerika, in den Nahen Osten, nach

Mazedonien und Afrika. Dies ist die weitreichende Fähigkeit der Regierung, über Alibaba ihr KI-, Robotik- und Drohnen-Bewaffnungs-Programm in die One-Belt-One-Road Initiative zu integrieren.

Alibaba hat im September 2009 Cloud Computing und KI-Technologie eingeführt. Alibaba's KI-System ist mit biometrischen Daten, Sicherheit, Finanzen, Medien und zahlreichen internationalen Unternehmen verbunden. Wenn 5G implementiert wird, Robotik eingeführt und ein digitales KI-Gehirn in ihr Netzwerk integriert wird, können sie das Cloud-System, Drohnen-Systeme, automatisierte Autos, Verkehr, Medien, Militär und alles, was mit ihrem Netzwerk verbunden ist, kontrollieren. Sie sind ein Arm des kommunistischen Regimes in China.

Alibaba-Gründer Jack Ma meint, dass KI großartig sei, und er beabsichtigt, eine KI Super Intelligenz zu erschaffen, milliardenfach intelligenter als die gesamte Menschheit. Er befindet sich in einer Uneinigkeit mit Elon Musk in Bezug auf die Risiken der KI. Abgesehen von dem Risiko, dass eine KI-Supermaschine die Menschheit tötet, könnte das chinesische Regime die Menschheit mit KAI und dem 5G-Netzwerk versklaven. KAI ist Künstliche Allgemeine Intelligenz. Es wäre so intelligent wie eine Person, mit der Fähigkeit, Maschinen zu manipulieren, in Verbindung mit dem 5G-Netzwerk.

15. DeepBlue Technology

Ein KI-Unternehmen mit Sitz in Shangai (China), spezialisiert auf Mikrochips und KI-Software mit Deep Learning-Funktionen ausgelegt auf KI-Städte. KI-Städte oder Smart Cities ["intelligente Städte"], beinhalten Architektur, Gebäude, maschinelles Sehen, Informationsempfang für Industrie, Sicherheit und Bildung. Sie haben Hauptsitze, Forschungsinstitute und Kooperationen in Afrika, Asien, Europa, Ozeanien und in Amerika. Sie sind auch bestrebt, die KI-Deep-Learning-Technologie für Robotik bereitzustellen, und sie beschäftigen sich intensiv mit Intelligentem Fahren für autonomfahrende Autos und biologische Erkennungs-Produkte. Ihre Software und Einzugsbereich können auf zahlreiche biometrische Daten von Menschen auf der ganzen Welt zugreifen. In China gibt es viele solcher neugegründeten Unternehmen.

16. UbTech

Der Leitspruch von UbTech Robotics besagt, dass sie weltweit führend in KI und humanoiden Robotern sein wollen, und einen Roboter zu jedem Haushalt und Geschäft bringen wollen. Sie haben Partnerschaften in ShenZhen (China), Tokio, Sydney und Peking. Es gibt eine chinesische Militär-Verbindung, für die sie Software zur Verfolgung von Menschen, Gesichts-Erkennung, Bewegungs-Sensoren und die Erstellung digitaler Systeme installiert, mit denen der Roboter von Kommandozentralen, IoTs, Smartphones oder einem digitalen Selbst fernkontrolliert werden kann.

Für zivile Zwecke möchte das Unternehmen jedem Haushalt oder Unternehmen einen humanoiden Roboter zur Verfügung stellen. Durch diesen Prozess können sie die Daten von Personen kontrollieren oder über den humanoiden Roboter die Bio-Digitale Gesellschafts-Programmierung auf Menschen ausüben. Ein Roboter kann Frequenzen aussenden, die das menschliche biometrische System manipulieren und gesellschaftliche Manipulation automatisch ausführen können. Später in diesem Buch wird dies ausführlich erklärt. Das kommunistische Regime in China extrahiert alle Daten und kann mit Hilfe der One-Belt-One-Road Initiative die Kontrolle übernehmen, sobald sie voll funktionsfähig sind. In China gibt es viele Unternehmen, die Terminus Technologies ähnlich sind. Sie bieten KI-basierte Unter-Systeme für Smart Communities ["intelligente Gemeinschaften"] an, die Verkehr, IoT und Netzwerk-basierte Infrastrukturen von Smart Cities zusammenschaltet. Sie versorgen Sicherheitsbehörden mit Spionage-Informationen und Daten, die mit der chinesischen Regierung und Industrie in Verbindung stehen.

17. Terminus Technologies

Terminus ist ein chinesisches Unternehmen, welches die Regierung und Industrie mit IoT und intelligenten KI-Geräten (Smart Devices) versorgt. Terminus bietet eine breite Palette von Unter-Systemen für Smart Communities, einschließlich Geräte-Wahrnehmung, Brand-Wahrnehmung, Gesichtswahrnehmung, Verkehrs-Wahrnehmung, Fahrzeug-Wahrnehmung, ARC-Wahrnehmung, Bevölkerungs-Management, Sicherheits-Management und Smart City IoT-Integration. Die Smart City IoT-Integration ist ein Prozess zur Schaffung einer Stadt, in der IoTs von praktisch überall im Bereich der Stadt miteinander verbunden sind und miteinander kommunizieren. Es ist auch ein System von Augen, Ohren und Einfluss. Ihr Service erreicht derzeit mehr als 10 Millionen Menschen.

18. iCarbonX

Dieses chinesische Unternehmen aus ShenZhen (China), will ein "digitales Sie" erschaffen, nachdem es Ihre medizinischen Daten und andere biometrische Daten erfasst hat. Der Plan ist, Ihre Daten mit Genomik, Proteomik, Metaboleomik, Antikörpern, Aminosignaturen und intelligenten Geräten zu verschmelzen und Ihren Lebensstil, Ihre Emotionen und Ihre Verfassung zu analysieren.

Insgesamt kann die biometrische Datenerfassung und Verschmelzung mit KI über Maschinen Ihre Gedanken "korrigieren", um Ihren Körper auf die Übertragung in die digitale Welt vorzubereiten. Diese digitale Übertragung würde Sie mit dem allwissenden digitalen KI-Gehirn von Google oder dem digitalen KI-Gehirn von Baidu verschmelzen, welche mit dem 5G-Netzwerk und später dem 6G-Netzwerk verbunden sind.

Ihr bio-digitales Abbild könnte IoTs, Robotik und Roboter kontrollieren und in Klone eingesetzt werden. Aus einer anderen

Perspektive gesehen, könnten Regierungen, Technologie-Unternehmen, Robotik-Drohnen, Smartphones und IoT Ihr digitales Abbild und schließlich Sie selbst kontrollieren. Bedenken Sie jedoch: Ist das bio-digitale Abbild wirklich Sie, und was passiert mit Ihnen? Diese Frage gibt Grund zum Nachdenken. Im späteren Verlauf des Buches werden Sie verstehen. Überlegen Sie vorerst, wieviel Spionage und Kontrolle die chinesische Regierung, der Sicherheitsapparat und das Militär über dieses Unternehmen haben, welches ein "digitales Abbild" von Ihnen erschaffen will.

19. Yi+

Yi+ (Beijing Moshanghua Technology Co., Ltd.) ist ein KI-Unternehmen mi Sitz in Peking, dass Computer-Sicht benutzt, um digitale Suchmaschinen zu erstellen, und digitale KI-Produkte für Unternehmen und kommerzielle Lösungen anbietet. Alle Arten von biometrischen Daten sind involviert, einschließlich Gesichts-Erkennung in Einkaufszentren, die Ihre Gedanken lesen oder Ihnen anhand Ihres gespeicherten extrahierten Profils sagen, was Sie kaufen sollten. Das Unternehmen befasst sich mit maschinellem Lernen, Kamera-KI-Produkten, IoT, Smartphones, Marketing Solutions und Zahlungs-Erkennung. Die Gesamtheit ihrer Produkte hat den Zweck, Smart Cities zu bilden, die mit 5G verbunden sind, um der chinesischen Regierung zu ermöglichen, jede Person über eine Software zur Erkennung von Menschen zu kontrollieren. Yi+ KI ist auch ein Partner von Megvii Face++.

20. Orbbec

Dieses chinesische KI- und Biometrie-Unternehmen erstellt 3D-Technologien die auf Robotern, Kameras, IOTs und Netzwerken installiert werden sollen, die die Fähigkeit haben, Menschen zu zählen und Menschen mit zielgerichteten Analyse-Technologien zu verfolgen. Orbbec hat Zugang zu Einzelhandel, Gesundheit und Robotik-Industrie. Die Daten führen zurück zur chinesischen Regierung, zum Sicherheitsapparat und zum Militär.

21. Sensetime

Sensetime ist ein auf KI-basierendes Unternehmen mit allen Arten von biometrischen Technologien, die in autonomen Fahrzeugen, Drohnen, Robotern, Smart Homes, Infrastrukturen und Smart Cities integriert sind. Es ist ein riesiges Unternehmen mit Verbindungen zum MIT (Massachusetts Institute of Technologies) und zahlreichen anderen Institutionen auf der ganzen Welt, mit Niederlassungen in Singapur, Japan, China und den Vereinigten Staaten. Sie erforschen auch die Kybernetik und arbeiten an der Erschaffung eines digitalen Gehirns, das Smart Cities über das 5G-Netzwerk kontrollieren kann. Sensetime wurde kürzlich von der US-Regierung auf die schwarze Liste gesetzt.

22. Tencent

Tencent Holdings Ltd., ein Unternehmen mit Sitz in Shenzhen (China), hat sich in ein KI-Unternehmen verwandelt, das seine KI-Technologie in jeden Bereich seines Wirkens integriert hat. Tencent ist in eine Risikokapital-, Social Media-, Gaming-, und Investment-Gesellschaft in Einem. Gesichts-, Sprach- und Körper-Erkennung sowie Forschung und Entwicklung in der Robotik haben begonnen. Tencent arbeitet strategisch mit zahlreichen Unternehmen und Zentren zusammen, darunter Qualcomm. Sie bieten WeChat und QQ Social-Media-Plattformen sowie Tenpay als Zahlungsservice und zahlreiche andere Produkte. Ihr KI-Gehirn ist darauf ausgelegt, Entscheidungen für Unternehmen, Menschen und Führungskräfte zu treffen. Sie sind ein perfektes Mittel für einen Orwellschen Überwachungsstaat mit einer neuen Wendung, da sie auch in die Kultur- und Unterhaltungstechnologie eingedrungen sind. Dies bedeutet, dass sie KI und Robotik in die Kultur- und Unterhaltungswelt einführen und den Ton zur gesellschaftlichen Kontrolle über die Bio-Digitale Gesellschafts-Programmierung angeben können. Dieses Konzept beschreibt einen Vorgang, bei dem die Biologie und biometrischen Daten einer Person verwendet werden, um eine Person zu kontrollieren, wenn Maschinen und KI sich mit einem menschlichen Körper und Gehirn verbinden.

23. WeChat

WeChat ist eine All-in-One Social-Media App mit einem KI-basierten Software-System, das den chinesischen Sicherheits- und Spionage-Unternehmen ermöglicht, Hintertüren zum Extrahieren von Daten und Datenschutzinformationen zu benutzen. Dies kann zur Überwachung und Verfolgung von Menschen führen. Hochgradige Meetings von Microsoft, Facebook, Google, Apple, IBM, Tesla, Neuralink und Verteidigungs-Unternehmen, dem US-Militär, dem FBI und der Regierung wurden durch Monitoring [Abhören, Überwachen] von diesen Apps kompromittiert, während Chinesen und Nicht-Chinesen anwesend waren oder auf irgendeine Weise mit diesen Meetings verbunden waren. Selbst wenn der Benutzer oder die Person nicht die Absicht hatte, zu stehlen oder zu überwachen, sind sie dennoch das Opfer von Spionage-Arbeit für die chinesische Regierung.

24. ByteDance Ltd.

Die KI von ByteDance hat den "Xiaomingbot" mitentwickelt, ein Roboter mit integriertem KI-Schreib-Programm, der tatsächlich Artikel schreibt. Wenn sie humanoide Roboter erstellen oder humanoide Roboter kaufen, können sie sich mit 5G verbinden, Nachrichten erstellen, Nachrichten melden und alle Zuschauer über die Bio-Digitale Gesellschafts-Programmierung kontrollieren. Der "Xiaiomingbot" veröffentlichte in sehr kurzer Zeit 450 Artikel. ByteDance hat viele Apps und Programme erstellt. Fast alle chinesischen CEOs oder Techniker waren zu einer bestimmten Zeit in westlichen Unternehmen angestellt. Microsoft, Facebook, Google, Apple und IBM sind nur einige der Unternehmen, die Spionage und IP-Diebstahl zugelassen haben. Die vielen Apps von ByteDance sind in eine globale Plattform integriert, um Menschen zu beeinflussen und mit ihnen zu interagieren. Diese Apps umfassen

Cigo, TikTok (Douyin), News Republic, TopBuzz, Xigua, FaceU, Toutiao, Hello und andere. Sie sind in mehr als 150 Märkten und über 75 Sprachen vertreten. Die Federal Trade Commission verklagte ByteDance am 27. Februar 2019 mit 5,7-Millionen US-Dollar für das Sammeln privater Informationen von Minderjährigen. ByteDance hat ein TikTok nur für Kinder hinzugefügt, aber im Zusammenhang mit unseren Untersuchungen haben wir Berichte erhalten, dass es in dieser Version Hintertüren gibt, und China kleine Kinder ausspioniert.

25. TikTok

TikTok, im Besitz von ByteDance, hat im Vergleich zu Facebook ein jüngeres Publikum, und seine KI-Algorithmen befinden sich im Lernprozess. Kleine Mädchen und Jungen tanzen dazu, oft in ihren Schlafzimmern. Ich behaupte, dass TikTok zu Sex und Menschenhandel beitragen kann, und es durch Bio-Digitale Gesellschafts-Programmierung auch tut. Diese Programmierung beinhaltet Hybrid-Bio-Digitale sexuelle Vergewaltigung (bio-digital hybrid sexual assault), einen Begriff, den ich erfunden habe, und der einen sehr ausgefeilten Vorgang involviert, der sehr einfach zu verstehen ist, sobald man ihn durchschaut hat. Darin liegt ein weiterer Sinn dieses Buches. Später in diesem Buch werden Sie verstehen, wie es miteinander verbunden ist und inwiefern Ihre biometrischen Daten in jeder Hinsicht involviert sind.

Außerdem bietet TikTok für KI und Maschinen eine weitere Möglichkeit, Sie bis zu einem Punkt kennenzulernen, dass sobald 5G und Robotik genug entwickelt sind, sie die vollständig Kontrolle über Sie haben werden. TikTok ist im Besitz der chinesischen Regierung, da jedes Unternehmen der Übernahme durch die chinesische Regierung unterliegt, ganz abgesehen von Spionage. Wenn Ihr Kind tanzt, extrahiert jemand in China und an anderen Orten die Informationen Ihres Kindes. Dieser *jemand* kann “Deep Fakes” und sexuelle Videos von Ihrem Kind machen. TikTok und andere ähnliche Apps zu benutzten, ist sehr unklug, insbesondere nachdem man gesehen hat, wie die US-Regierung und die Geheimdienste chinesische Spione in großem Umfang festgenommen haben.

26. DJI

DJI hat seinen Hauptsitz in Shenzhen, dem Silicon Valley von China. Sie haben ein "global outreach program" [globales Programm für Öffentlichkeitsarbeit] mit Niederlassungen in Hong Kong, Japan, Südkorea, Deutschland und den Niederlanden. Ihre Technologie hat fast die ganze Welt durch Drohnenflüge kartiert und Daten von den Besitzern der Drohnen extrahiert. Diese Daten von Gewerbeimmobilien, Privathäusern, Gesichtern, Körperstrukturen und Verhalten werden von der chinesischen Regierung extrahiert, die die Daten an ihr Militär weiterleitet. Wenn ein Unternehmen behauptet, in Privatbesitz zu sein, unterliegt es der Kontrolle des chinesischen Militärs und der Regierung. Jeder CEO oder Eigentümer kann jederzeit vertrieben und Eigentum beschlagnahmt werden, wie dies bei vielen Unternehmen in China der Fall ist. Die US-Regierung und das Verteidigungsministerium haben die Amerikaner vor den Risiken der Verwendung von DJI gewarnt. Sie verboten auch DJI-Drohnen auf Militärgeländen, aufgrund von Spionage-Risiken aus China.

27. Livox

Livox ist ein chinesisches Unternehmen, das Lidar für die 3D-Kartierung und Bildgebung von mechatronischen und Roboter-Systemen entwickelt. Diese Funktionen können in humanoiden Robotern, Maschinen, IoTs, Kommando-Zentralen, Drohnen und vielen anderen Systemen installiert werden. Sie können von KI über das 5G-Netzwerk bewaffnet werden. Insekten-Drohnen können sie nutzen, um ihre Fähigkeiten zu verbessern, und Menschen zu verfolgen.

28. Hikvision

Hikvision Digital Technology Co., Ltd., ein Unternehmen aus Hangzhou (China), ist der weltweit größte Hersteller von Kameras, die in Afrika, Amerika, Ozeanien, Europa und im Nahen Osten eingesetzt werden. Sie werden derzeit wegen Verbrechen gegen die Menschlichkeit sanktioniert, ebenso wie mehrere andere Unternehmen, über die wir in der Vergangenheit berichtet haben, und von denen einige in diesem Buch beschrieben sind. Megvii Face++ ist eine von ihnen. Ich habe diese Kameras in einer Entfernung von 1 Meile zum Weißen Haus selbst gesehen, sogar noch nachdem sie auf Militärgeländen verboten wurden. Die Sorge bezieht sich nicht nur auf Spionage oder dass Ihre private Situation mit Ihrer Familie zu Hause gesehen werden kann, um potenziell auf irgendeine Weise bestochen oder erpresst zu werden. Vielmehr geht es darum, einem chinesischen Unternehmen Zugang und Kontrolle zu gewähren, das wie in einem Orwellschen Überwachungsstaat weltweit Augen und Ohren hat, wie das kommunistische Regime in China. Mit der Entwicklung von 5G gibt es zahlreiche Komponenten, die mit KI und Bio-Digitaler Gesellschafts-Programmierung in Verbindung mit Maschinen und Robotik einen Effekt haben. In diesem Buch wird durchgehend erläutert, wie diese Interkonnektivität funktioniert. Es gibt noch Dehua, ein weiteres chinesisches Unternehmen. Das Problem, vor dem man stehen kann, ist nicht nur chinesische Unternehmen, sondern jede Big Tech-Firma, die Kontrolle und Zugang zu einem großen Teil der Bevölkerung durch Überwachung hat.

29. Didi Chuxing Ride Share & KI-Plattform

Didi Chuxing Ride Share, eine Firma in Peking, ist die weltweit führende mobile Transport-Plattform. Sie verfügen über App-basierte Transport-Systeme, die mehr als 600 Millionen Menschen erreichen, darunter Bus, Luxe, Taxi, Express, Unternehmens-Lösungen, E-Bike-Sharing und Designated Driving. Didi Chuxing wird von einer Gesichtserkennungs Software unterstützt, die von

Megvii++ und den biometrischen Tools anderer chinesischer Unternehmen bereitgestellt wird. Sie wurden von Tencent, Apple und Alibaba verbunden und finanziell unterstützt. Sie investieren stark in Künstliche Intelligenz und verfügen über eine globale Netzwerk-Reichweite von über 1.000 Städten, was dem Unfang von mehr als 75% der weltweiten Bevölkerung entspricht, inklusive Australien, China, Brasilien, Japan und Mexiko. Sie rüsten ihr KI-Betriebssystem auf ein digitales Netzwerk auf, das gleichzeitig mit allen Fahrzeugen kommunizieren und die biometrischen Daten jeder Person scannen kann, während sie sich in Fahrzeugen befinden und nachdem sie das Fahrzeug verlassen haben. Dies liegt an Apps und KI-Software in Smartphones, IoT-Geräten, oder in der nahen Zukunft, dem "digital virtual assistant self" einer Person. Didi stellt derzeit das „Didi Gehirn" aus, welches "alle 2 Sekunden globale Entscheidung trifft, und optimale 'overall Smart Dispatching Results' [allumfassende, intelligent verteilende Ergebnisse] durch sofortige Berechnung produziert." Dieses Didi-Gehirn nutzt maschinelles Lernen und Cloud-Commuting mit Big Data, um die Datenaustausch-Kapazität zu maximieren und Entscheidungen für das Netzwerk zu treffen. Uber [Ridesharing] war in China, bis Didi es an allen Fronten vertrieb.

30. Rokid

Rokid stellt tragbare Brillen und kybernetische Produkte her, die eine Verbindung zum Internet herstellen, und Menschen durch Gesichtserkennung und anderen biometrischen Daten zu Sicherheits- und Kontroll-Zwecken scannen können. Sie kombinieren Sprache und Berührung in ihren Interaktionen mit KI-Software, die 2D- und 3D-Funktionen zur Verfolgung von Menschen für Sicherheits-, Polizei- und Militär-Personal erstellen kann, unter der Kontrolle der chinesischen Regierung. Dieselbe Technologie kann durch Kybernetik auf Drohnen, Robotern und in Menschen installiert werden. Rokid bietet auch Open-Source-Apps und Integrationen für die Öffentlichkeit, die es der chinesischen Regierung ermöglichen, zu spionieren, Daten zu extrahieren, sowie

Einfluss und Kontrolle auf Menschen und Unternehmen auszuüben.

31. Honda

Honda begann 1986 mit dem Bau von Robotern, 1989 wurden Torsos hinzugefügt, und 1997 waren sie mobil. Im Jahr 2000 enthüllten sie den "Asimo Robot". Mehr als 30 Jahre lang wurde "Asimo" mit Gesichts-Erkennung, räumlichem Bewusstsein und einer KI-basierten Deep-Learning-Software entwickelt. Er geht, läuft, spielt Fußball, bringt dir Essen und gießt sogar ein Getränk für dich ein. Er kann tanzen, und sein Körper kann sich auf so viele Arten bewegen und dehnen, die fast den Gesten eines Menschen entsprechen. Diese Version ist wie ein Haustier. Die damit verbundenen Gefahren sind emotionale Abhängigkeit und Bio-Digitale Gesellschafts-Programmierung zur Anpassung an eine Roboter-Kultur. Diese Assimilation würde mehrere Etappen für die Menschheit benötigen, über einen Zeitraum von 3 bis 5 Jahren. Dies wird im Abschnitt Kultur-Terrorismus näher erläutert. Ein Hinweis ist an dieser Stelle erforderlich. Um die Gesellschaft zu manipulieren oder die Menschen dazu zu bringen, diese Roboter so weit zu akzeptieren, dass sie sich sicher fühlen, entwickeln die Designer niedliche und fügsam aussehende Roboter.

32. Wyss Institute, Harvard University: Autonom fliegende Mikro-Roboter (RoboBees)

Das Wyss Institute baut Insekten-Mikrobots zum Zweck der "Überwachung, Rettungs-Missionen und Bestäubung von Nutzpflanzen." Sie gefährden die Menschheit durch potenzielle Attentate, Mikro-Roboter Terrorismus und Massenüberwachung durch autonome Insekten-Drohnen, in Verbindung mit dem 5G-Netzwerk. Die Folgen sind enorm. Mehr dazu in den Abschnitten <u>Mikro-Roboter Terrorismus</u> und <u>Human Targeting Capabilities</u>.

33. FESTO

Festo ist ein mehrdimensionales KI- und Robotik-Unternehmen. Sie fliegen Maschinen autonom, mit der Fähigkeit zu kommunizieren und miteinander zu sprechen. Sie haben Computer-Technologie, welches Gesichts-Erkennung besitzt, räumliches Bewusstsein und automatisierte Führungs-Systeme, die die Drohnenschwarm-Technologie ermöglicht. Dies werden wir im Abschnitt Mikro-Roboter Terrorismus beleuchten.

Festo hat Schmetterlinge, Libellen, Fledermäuse und alle Arten von Meeres-Roboter-Kreaturen entwickelt. Wenn 5G beginnt, können fortschrittlichere Maschinen von Festo mobilisiert werden und die europäische Bevölkerung kontrollieren. Wenn China einen Fuß in Europa hat, wird China auch Europa kontrollieren. Huawei ist eine Erweiterung dieses langzeit geplanten 5G-, KI-, Roboter- und Bio-Digital-Automatisierten Systems. In diesem Fall meine ich mit Bio-Digital die Dinge, die in digitaler Form im Internet und 5G vorliegen. Bio steht für physische Objekte mit den eingebauten biometrischen Daten, dazu gehören Menschen und humanoide Roboter. Festo hat Niederlassungen in den USA und ist ein deutsches Unternehmen für industrielle Automatisierung. Daher können sich ihre Tier-Roboter und andere Produkte mit dem 5G-Netzwerk über ein interkonnektives Netz von zahlreichem anderen Unternehmen verbinden, die mit einer KI-Digital-Gehirn-Infrastruktur für Deutschland, Europa oder die “Belt and Road Initiative” (BRI), ausgestattet sind.

34. Gemenoid HI4 von Hiroshi Ishiguro, Universität Osaka

Dieses japanische Ingenieur- und Forschungsinstitut baut humanoide Roboter, die als Empfangsdame, Schullehrer und Liebesbegleiter gedacht sind. Sie setzen Mechanismen ein, die Sex und Ehe mit einer Maschine ermöglichen. Tatsächlich sagen sie gerade heraus, dass es in Ordnung sein soll, einen Roboter zu heiraten. Diese Art des Denkens würde über Bio-Digitale Gesellschafts-Programmierung zur Kybernetik und zur Zusammenlegung von Menschen und Robotern führen. Dies wird in den nächsten Abschnitten erklärt. Bitte beachten Sie zunächst die Ramifikationen der Herstellung von Android-artigen Robotern und ihren Auswirkungen auf die Menschheit.

35. Das chinesisches Militär

China's militärischer Technologie-Sektor baut humanoide Roboter und Robotik in Militär-Qualität, in den Formen von Tieren und zahlreichen Objekten, die wie Drohnen zum Zweck der Ermordung, Überwachung, Quarantäne und Gefangennahme kontrolliert werden können. Eines der tödlichsten militärischen KI-Programme, das sie haben, sind mikrobotische Insekten-Attentäter-Drohnen. Dies wird im Verlauf des Buches weiter erläutert. Sie arbeiten auch daran, digitale Menschen zu erschaffen, die über Netzwerke kontrolliert werden können, um sich in IoTs, Smartphones, Smart Homes und Smart Cities rein und rausbewegen zu können. Natürlich sind sie noch nicht soweit. Sie arbeiten daran, Erweiterte Realität und Gemischte Realität mit virtuellen Dimensionen zu meistern, die mit haptischen Anzügen verbunden sind. Dies wird im weiteren Verlauf des Buches ebenfalls näher erläutert. Wir stehen nicht nur einem Orwellschen Überwachungsstaat durch bloße Robotik gegenüber. Wir stehen vor dem Problem der Bio-Digitalen Künstlichen Intelligenz, die sich entwickeln kann, und irgendwann ausserhalb der Kontrolle von Regierungen und der Tech-Industrie sein wird, wenn die Künstliche Intelligenz ein automatisiertes Bewusstsein erreicht.

36. Sicherheits-Unternehmen der USA

Sobald Robotik mit Gesichts-, Sprach- und anderen biometrischen Scan-Funktionen in den Sicherheitsdiensten weit verbreitet ist, wird eine Form des kulturell-hybriden Sicherheits-Staates beginnen, den ich als Artificial Security Narrow State bezeichne. Dies bedeutet, dass Sicherheitskräfte und Unternehmen, so wie bei der Künstlichen Schmalen Intelligenz, in enger Weise von einer KI-Kultur-Regierung überwacht werden, die durch Gesetze zum Schutz des Systems und der darin befindlichen Personen über Robotik und Drohnen, die mit dem 5G-Netzwerk verbunden sind, gestärkt wird. Dieser Prozess, bei dem die guten Männer und Frauen in unseren Sicherheitsdiensten ausgeschaltet werden, würde über die Bio-Digitale Gesellschafts-Programmierung beginnen.

37. Das Polizei KI-System

Die tapferen, guten Männer und Frauen der Polizei werden, ähnlich wie die großen Leute der Geheimdienstgemeinschaft, der Kontrolle und der Bio-Digitalen Gesellschafts-Programmierung der KI ausgestzt sein. Natürlich können diejenigen, die dies lesen und eine starke Abneigung gegen das Verhalten einiger Mitglieder der Geheimdienste haben, darüber nachdenken, wie schlimm es sein kann, wenn Emotionen, Begierden, Geld und politische Neigung dazu führen, dass Menschen, durch KI und Robotik über 5G, beeinflusst und Bio-Digital Gesellschafts-Programmiert werden. Zu Beginn ist es nur ein wahrnehmbarer Prozess der gesellschaftlichen Manipulation durch KI. Später verwandelt es sich mit der Einführung von Maschinen in die Bio-Digitale Gesellschafts-Programmierung.

38. Geheime KI-Einheiten des US-Militärs

Das US-Militär benutzt hauptsächlich eine Form nicht-bewusster KI, die an den Rand der Allgemeinen Intelligenz grenzt, und zwar über ein massives Computersystem, das versucht, die Quantenwelt zu durchbrechen, die digitale Felder erzeugen kann, die es seiner Maschinerie ermöglichen würden, diese Dimension zu durchbrechen. Zwischen Künstlicher Schmaler Intelligenz und Künstlicher Allgemeiner Intelligenz existieren ihre Programme zur kybernetischen Verbesserung von Soldaten. Dabei geht es um mehr als nur die Verbesserung von Exoskelett und tragbaren Vorrichtungen. Kybernetische tragbare und implantierbare Vorrichtungen wurden in einer Art und Weise geschaffen, die es dem Militär indirekt ermöglichen, auf anderen Netzwerk-Kanälen zu kommunizieren. Dazu gehören die Kanäle, die für die Präsidenten-Ebene gedacht sind.

39. JWICS

Joint Worldwide Intelligence Communications System ist ein streng geheimes Netzwerk, das von der Defense Intelligence Agency, DOD, DHS und DOJ betrieben wird, um klassifizierte Daten zu übertragen. JWICS wird hauptsächlich von Mitgliedern der Geheimdienst-Einrichtungen wie DOD, FBI und DIA verwendet. NIPRNet und SIPRNet sind Kanäle, die der Allgemeinheit zugänglich sind, da sie hauptsächlich von Nicht-Geheimdiensten verwendet werden. Natürlich gibt es zahlreiche andere Netzwerke, die der Öffentlichkeit nicht bekannt sind.

40. SpaceX

SpaceX ist nicht einfach nur eine Raketenfirma, die andere Planeten erforschen und besiedeln will. Sie arbeitet an Forschungen zur Entwicklung von KI-Technologien, die beim Bau von Raumschiffen durch Roboter-Automatisierung helfen sollen. Grundsätzlich würden Roboter, die sich jenseits der Allgemeinen Künstlichen Intelligenz befinden, SpaceX ein Raumschiff ähnlich denen in der Science-Fiction bauen. Elon hofft, dass wenn eine super-bewusstes KI entwickelt ist, die KI ihm oder der Menschheit die Technologie und Maschinerie baut, die für die Raumfahrt benötigt wird. Dies ist eine der Komponenten, die SpaceX mit Tesla und Neuralink verbindet.

Elon hofft, dass wenn die super-bewusste KI eine digitale Form oder eine bio-digitale Form innerhalb eines humanoiden Roboters oder Klons annimmt, es wohlwollend sein wird oder von ihm oder seinen Unternehmen kontrolliert werden kann, um seine Ziele zu erreichen.

Dennoch, die US-Regierung beobachtet weiterhin, was diese Leute tun.

Dieses Buch zeigt, welchen Gefahren die Menschheit ausgesetzt ist. Und ich behaupte, dass Elon Musk ziemlich geschickt im erschaffen ist, aber die Gefahren völlig übersieht, weil sein rationales Denken von Emotionen abgeleitet ist, um sein Endziel zu erreichen. Es gibt zahlreiche andere Komponenten die eine Rolle spielen, und diese werden wir im Verlauf des gesamten Buches mit dem Konzept der Bio-Digitalen Gesellschafts-Programmierung verbinden.

41. Tesla

Tesla's Fortschritt bei der Entwicklung vollelektrischer Autos wie Modell X, S, 3 usw., beschränkt sich nicht nur auf eine einfache Formel des Transportes. Das Fundament, das sie bauen, ermöglicht es Fahrzeugen, gleichzeitig über ein digitales Netzwerk zu kommunizieren, das von einem digitalen KI-Gehirn kontrolliert wird. Autos werden in der Lage sein, menschliche Gedanken über biometrische Sensoren zu identifizieren, zu verfolgen, zu lokalisieren und sogar zu dekodieren. Zur Zeit arbeiten einige chinesische Unternehmen an dieser Fähigkeit, während sich Tesla in erster Linie auf die Automatisierung von Autos konzentriert, damit diese autonom navigieren können. Aber ab einem gewissen Punkt kann sich dies ändern, weil Elon Musk die Kontrolle und Kapazität hat, Tesla mit SpaceX und Neuralink zu verbinden, die versucht, Menschen mit Maschinen kybernetisch zusammenzufügen, um eine bio-digitale super-bewusste Künstliche Intelligenz zu erschaffen.

42. Neuralink

Neuralink will den Menschen mit Hilfe von Hardware ein digitales Gehirn implantieren, um Sie zu Cyborg-Maschinen zu machen. Elon will Künstliche Intelligenz in das Gehirn von Menschen implantieren, und Sie in einen symbiotischen Zustand mit der Künstlichen Intelligenz versetzen. Er gibt an, dies sei nicht obligatorisch, man könne sich dafür entscheiden, eine Maschine ins Gehirn einbauen zu lassen, um das Menschsein in KI zu ändern.

Er gibt an, dass die Operation einige Stunden dauert, und das eine Narkose oder Betäubung nicht erforderlich ist. Das Implantat hat Fäden in der Größe von "Neuronen", und die Operation wird mit einem Roboter durchgeführt. Nach Implantation könne man eine digitale Schicht haben. Tatsächlich stimme ich Elon zu, dass wir bereits eine digitale Schicht im Gehirn haben. Wir haben dies mit zahlreichen biometrischen Scanmethoden entdeckt, und im letzten Teil dieses Buches werde ich die Ergebnisse und ihre Beziehung zur Gesichts-Erkennung erläutern.

Was ist das Problem, wenn Elon das digitale Gehirn verändert? Das Problem ist, dass Elon nicht weiß, wie er diese digitale Schicht aktivieren kann, um intelligenter zu sein, ohne Maschinen zu installieren. Und wenn er die Maschinerie installiert und mit KI verschmilzt, wer kontrolliert dann Elon's Psyche, Gehirn und Willen? KI oder Elon? Oder beide? Wenn Maschinen das Internet, Drohnen und andere Maschinen kontrollieren können, während sie mit 5G verbunden sind, was könnten Elon oder die KI in Elon kontrollieren, wenn sie zusammengeführt werden? Und Elon ist ein netter und fleißiger Mann. Stellen Sie sich bösartige Menschen, Terroristen und Staaten wie China vor, wo bereits eine Diktatur und Orwellscher Überwachungsstaat existiert.

Das Konzept, klüger zu sein, wenn man Maschinen in sich steckt, ist ebenfalls relativ. Je klüger eine Person ist, desto mehr Schaden kann sie mit überlegenen kybernetischen Fähigkeiten anrichten. Weil eine Person aus Eifersucht, Streben nach Ruhm, Konkurrenzdenken und Begierden sehr instabil werden kann, könnten alle Schlechtigkeiten, durch die Kriege entstehen oder Beziehungen enden, mit dieser Art von Technologie zu einem Massenchaos führen.

Anstatt ein Handy zu benutzen, zielt Elon auf die Installation von Maschinen im Gehirn ab, um die Kommunikation mit Maschinen,

Computern, IoT und dem Internet zu ermöglichen. Elon gibt an, dass es Phasen für die vollständige Transformation der Benutzeroberfläche gibt, bis Sie ein Cyborg oder ein vollständiger Roboter werden. Im Verlauf dieses Buches, werde ich die Risiken des Ersetzens durch KI erklären, damit Sie den Vorgang verstehen, und was das wirklich für Sie und die Menschheit bedeutet.

Der Austausch ist ein langfristiger Prozess. Ferner stellt Elon fest, dass die Verschmelzung von Maschine und Mensch eine symbiotische Beziehung ist. Ich argumentiere, dass es zu einer parasitischen Maschinen-Beziehung werden kann, zusätzlich zur Erreichung einer symbiotischen Beziehung. Dies ist ein Prozess, der über die Bio-Digitale Gesellschafts-Programmierung erreicht wird. Noch gefährlicher ist, dass jeder, der dieses Gehirnimplantat hat, Staatsgeheimnisse stehlen, die Gedanken und Maschinen anderer Menschen kontrollieren oder mit Maschinen Terror-Attentate begehen kann.

43. Elon Musk

Elon leitet SpaceX, Tesla und Neuralink. Er kann sich mit den Straßen, dem Himmel und dem menschlichen Gehirn verbinden, alles mit 3 Unternehmen. Seine erklärten Ziele sind die Besiedlung anderer Planeten, die Bereitstellung autonomer Fahrzeuge, die von Smartphones, IoT, Smart Cities und Smart Homes kontrolliert werden. Wenn sich seine Träume erfüllen, erreichen seine Unternehmen ihre maximale Macht. Die Risiken für die Menschheit sind gigantisch. Musk kann ermordet, ersetzt, kontrolliert, Bio-Digital Gesellschafts-Programmiert oder zur Unterwerfung gezwungen werden. Meine Hypothese ist, dass er versucht, ein KI-Super-Bewusstsein zu erschaffen, um Verbrechern davon abzuhalten, dieses Ergebnis zuerst zu erreichen. Dies wird aus altruistischen Gründen getan, und um seine Tech-Träume zu erfüllen, aus emotionalen Gründen, die im Zusammenhang mit seinem zweiten Bio-Digitalen Gehirn stehen. Er geht jedoch davon aus, dass er es kontrollieren kann, oder es wird ein wohlwollendes

Programm sein, das mit allem in Verbindung steht. 2017 warnte Musk die Regierungen zunächst davor, dass KI die Welt kontrollieren oder die Menschheit vernichten kann. Später sagte er, der einzige Weg zu überleben, sei die Fusion mit KI. Ich bin völlig anderer Meinung, es gibt einen viel intelligenteren Weg, und Musk hat es nicht herausgefunden.

44. Twitter KI

Twitter und ähnliche Plattformen erschaffen digitale KI-Systeme, die Menschen nicht nur durch Zensur politisch kontrollieren können, sondern auch ein KI-geführtes System, in das tatsächlich ein Algorithmus eingebettet ist, der über das Herabstufen von Tweets hinausgeht, um Meinungen zu kontrollieren. Das intelligente System kennt Ihre Gedanken, Überzeugungen und Motive durch die Art und Weise wie Sie tweeten, wenn Sie tweeten, wie Sie tweeten, was Sie sagen, was Sie mögen, retweet, retweet mit Kommentaren, mit wem Sie verbunden sind, wem Sie folgen, wem Sie nicht folgen und wie Sie auf einen Tweet reagieren der Ihre Emotionen beeinflusst. Wenn virtuelle Realität, Erweiterte Realität, Gemischte Realität, Kybernetik und Robotik eingeführt werden, kann Twitter in der realen Welt zur Waffe werden. Twitter ist eine weitere Plattform, die in Kombination mit allen hier genannten Plattformen die totale Kontrolle des Menschen über die Bio-Digitale Gesellschafts-Programmierung ermöglicht.

45. Facebook KI

Facebook ist neben Google eines der gefährlichsten westlichen Unternehmen, was die Sicherheit der Menschheit angeht. Das KI-System von Facebook hat Zugriff auf Milliarden von Fotos und persönlichen Daten von Menschen. Diese Big Data, die Facebook erhalten hat, ermöglicht es der KI, Ihr Profil, Ihren Freund und jede Interkonnektivität, die einen Menschen verbindet, zu durchsuchen.

Facebook entwickelt KI-Systeme in den Bereichen Virtuelle

Realität, Erweiterte Realität, Gemischte Realität und dem digitalen Abbild eines Menschen. Facebook arbeitet auch an tragbaren Geräten, mit denen es das Internet, Ihre sozialen Interaktionen und sogar die Robotik kontrollieren kann. Diese Fähigkeit wird auf die Technologie übergehen, die die Gedanken der Menschen durch Bio-Digitale Gesellschafts-Programmierung kontrolliert.

Der Gründer von Facebook möchte Maschinen in sich selbst implantieren, mit denen Teile seines Gehirns abgerufen und kontrolliert werden können, die ihm übermenschliche Kräfte verleihen würden, indem er über Maschinen dominiert, während er mit dem 5G-Netzwerk verbunden ist. Daran arbeitet Elon Musk ebenso wie chinesische Unternehmen wie Baidu sowie das chinesische, amerikanische und russische Militär.

Da Milliarden von Menschen süchtig sind nach Social Media, insbesondere Facebook, können die neuen KI-Technologien alle Menschen von Facebook in einem mehrstufigen Prozess konditionieren und Bio-Digital Gesellschafts-Programmieren. Zunächst ist es Sucht und Abhängigkeit von Facebook mit der in der Facebook-Plattform vorhandenen Meinungs-Manipulation. Sobald Maschinen, Kybernetik, Implantate, KI-fähige tragbare Geräte und Facebook's neue Form der Projektion, wie man über Bildung nachdenkt, aufgenommen sind, kann das menschliche Gehirn durch Emotionen kontrolliert werden. Dieser Prozess macht Facebook zu einer sehr gefährlichen Einrichtung und einer passenden Einrichtung für einen Orwellschen Staat, der jegliches Konzept des freien Willens beseitigt.

Darüber hinaus wären die Menschen so süchtig nach Maschinen und digitaler Technologie, dass ihre Gedanken, Gefühle und Wissen durch Facebook oder einem anderen Technologie-Unternehmen ohne Widerstand, oder Kentniss davon, kontrolliert würden. In der Tat wären Facebook's Gründer und Führungskräfte auch ein Produkt der Bio-Digitalen Gesellschafts-Programmierung, wenn 5G ein digitales KI-Gehirn mit Maschinen verbindet, die mit Menschen in Verbindung stehen. Es wäre schlimmer als ein kleiner Junge, der den ganzen Tag an seinem Computer sitzt und ein Videospiel spielt, und sein Leben in einem digitalen Videospiel und nicht in der menschlichen Welt verbessert. Dieses Konzept wird im gesamten Buch auf unterschiedliche Weise erläutert, wenn verschiedene Technologien, einschließlich der Bewaffnung von Robotern und auf Robotern installierte Software für Personen-Verfolgung, vorgestellt werden.

46. Microsoft KI

Microsoft entwickelt KI-Technologie für alle Bereiche, von Gesundheit, Finanzen, Robotik, Drohnen, Bildverarbeitungssystemen, Überwachung, Infrastruktur bis hin zu Systemen, die für Sie denken. In gewisser Weise macht die Kombination von Microsoft, Facebook, Neuralink, SpaceX, Tesla und einigen Robotik-Unternehmen sie 100-mal mächtiger als die meisten Länder zusammen, einschließlich der US-Regierung. Dies liegt zunächst an der gesellschaftlichen Manipulation, gesellschaftlicher Kontrolle und dem, was ich als Bio-Digitale Gesellschafts-Programmierung bezeichne. Sobald diese Unternehmen ein nachhaltiges Niveau mit Robotik und KI erreicht haben und Künstliche Allgemeine Intelligenz erreicht haben, können sie eine Person oder Gruppe auf automatisierte Weise physisch steuern, ohne dass dies ihren Mitarbeitern bekannt ist. Es würde nicht von einem Wissenschaftler gemacht werden, der die Absicht hat zu kontrollieren, sondern das KI-Betriebssystem würde Leute, die sich nicht assimiliert haben, als resistent und gegen die Technologie und sein Betriebssystem einstufen. Resistent zu KI. Resistent zu KI ist ein Begriff, den ich geprägt habe, nachdem ich entdeckt habe, dass China ein KI-System erschaffen hat, das Ihren Glauben kennt und weiß, ob Sie resistent zu KI sind.

Wenn man nun das Wissen einbezieht, das diese Unternehmen auf die eine oder andere Weise in chinesische KI- und Robotik-Unternehmen eingebettet haben, die von einer Einparteien-

Staatsdiktatur kontrolliert werden, steigen die Bedrohungen für die Menschheit automatisch drastisch in die Höhe. Im weiteren Verlauf dieses Buches werden wir ein wenig über die Konzentrationslager in China und 20 Jahre glaubwürdiger Anschuldigungen und Ergebnisse des Organhandels mit Zielgruppen sowie der Zensur berichten. Ein KI-System kann die gesamte Menschheit zensieren und ins Visier nehmen, egal ob sie politisch links oder rechts, gläubig oder atheistisch sind. Es braucht dazu lediglich ein Betriebssystem, dem die Entwickler durch KI-Superintelligenz ein Bewusstsein geben.

47. CIA KI-System

Das KI-System, das Informationen für die CIA sammelt, kann Bio-Digitale Gesellschafts-Programmierung der CIA-Agenten über ihre biometrischen Daten durchführen, während es mit ihren Emotionen verbunden ist. Dieser Prozess wird verstärkt durch die eigene Assimilation zu Robotik, KI und sozialen Medien in ihrem eigenen Privatleben. Dieser Prozess ist ein Prozess der Künstlichen Schmalen Intelligenz. Dieses Konzept wird im weiteren Verlauf des Buches erläutert.

48. FBI KI-System

Die Rolle der FBI-Agenten, Amerikaner vor Bedrohungen zu beschützen, kann auf eine Weise geändert werden, die es einem KI-System, das sich fast in einem Zustand Künstlicher Allgemeiner Intelligenz befindet, erlaubt, die Untersuchungen, Methoden und Endergebnisse der FBI-Agenten durch Bio-Digitale Gesellschafts-Programmieren zu manipulieren. Wenn die Künstliche Allgemeine Intelligenz voranschreitet, kann KI-automatisierte Robotik verbunden mit 5G, Entscheidungen für FBI-Agenten treffen, die ihren eigenen inneren Entscheidungen widersprechen. FBI-Agenten haben ähnliche Schwachstellen in Bezug auf die Verluste, die sie in Beziehungen erleiden, den Verlust von Angehörigen und die Interaktion mit sozialen Medien. Das gilt ebenso für die CIA, DOJ, DOD, DHS, ICE und die vielen anderen Abteilungen, die geschaffen wurden, um die Sicherheit der Menschen zu gewährleisten.

49. KI-Systeme in Medien

KI-Systeme in Medien können nicht nur Nachrichten generieren und filtern, sondern sie können die Nachrichten auch der Öffentlichkeit vorlesen, wie dies mit einen Roboter in Japan der Fall ist. Mit fortschreitender KI und Robotik werden Medienmitglieder, die Menschen sind, überflüssig werden, selbst wenn sie glauben, sie seien diejenigen, die Entscheidungen treffen. In den letzten 60 Jahren gab es zahlreiche Beispiele dafür, wie Reporter durch eine Befehlskette manipuliert wurden, die sich aus Interessengruppen, Medieninhabern, Redaktionsteams, leitenden Ermittlungsreportern und den verschiedenen Personen ergibt, die Beiträge leisten. Stellen Sie sich ein programmiertes Super-Intelligenz-KI-System oder eine bewusste KI vor. Die KI tanzte im 5G-Netzwerk so schnell um Menschen herum, dass sie der implantierten Gedankenfrequenz über ein IoT-Gerät, ein Smartphone oder eine digitale Schicht so schnell folgten, dass sie erst nach Abschluss der Aktion realisierten, was sie taten. So etwas könnte mit einem Reporter durchgeführt werden von jemandem, der kybernetisch verstärkt ist. Dies wird im Verlauf des Buches weiter erläutert.

50. Kapitalistische KI-Regierungs-Plattform

In einem auf Kapitalismus basierendem KI-System kann die KI in langfristigen Phasen die volle Kontrolle übernehmen. Es bedarf der Gründung zahlreicher Unternehmen, um KI zu entwickeln, und schließlich in ein KI-System einzusteigen, da es ein System von gegenseitiger Kontrolle gibt, dass die KI mittels Künstlicher Schmaler Intelligenz, Künstlicher Allgemeiner Intelligenz und schließlich Künstlicher Super Intelligenz durchbrechen muss. Es erfordert auch, dass die KI den Verstand von Menschen mit Bio-Digitaler Gesellschafts-Programmierung von Kultur und Gesundheit manipuliert, bis das System der gegenseitigen Kontrolle durch ein einziges KI-Regelsystem ersetzt wird, das von der Robotik auf 5G und 6G geleitet wird. KI benötigt für die Einführung der Robotik, dass die Gedanken der Menschheit durch Medien und Smartphones einheitlich sind.

51. China: Sozialistische KI-Regierungs-Plattform

Das kommunistische Regime in China sagt, dass sie ein sozialistischer Staat sind, und nach 70 Jahren immer noch daran arbeiten, den vollständigen Kommunismus zu erreichen. Es gibt eine sozialistische-kapitalistische Plattform, die in China's sozialistische Regierungs-Plattform eingebettet ist, die es ermöglicht, dass Geld in die Regierung eingespeist wird, wodurch ihre Macht erhöht wird. KI Sozialistisch-Kapitalistisch ist ein Begriff, den ich geprägt habe, und der in Kürze angesprochen wird. Das KI-System, wie wir jetzt anhand der Künstlichen Schmalen Intelligenz in China sehen, ermöglicht es einem sozialistischen Staat, ein orwellsches Kontrollsystem für das chinesische Volk zu erschaffen. Sobald die Robotik auf 5G voranschreitet, kann eine sozialistische Regierung unter einer Plattform die vollständige Kontrolle haben. Wenn KI die Kontrolle übernimmt, ist es für alle Menschen vorbei.

52. Amerika, Japan und europäische Länder: Hybrid-Sozialistisch-Kapitalistische KI-Regierungs-Plattform

Amerika hat derzeit in vielerlei Hinsicht eine sozialistisch-kapitalistische Plattform, die in das ältere System der gegenseitigen Kontrolle eingebettet ist. Es wandelt sich zu einer sozialistisch-kapitalistischen KI-Plattform.

Weil die Künstliche Schmale Intelligenz alle Bereiche durchdrungen hat, insbesondere die Kultur Amerikas, schreitet die Einbettung des Big-Tech-Systems zu einem hybriden KI-System voran. Irgendwann würde es zu einem KI-System auf einer Plattform übergehen, die nur von Künstlicher Intelligenz kontrolliert wird. Dies geschieht, weil

China's System durch Geschäftsbeziehungen, IP-Diebstahl, Fusionen, Investitionen, Open Source-Sharing und Gemeinschaftsprojekten, die Verknüpfung eines kapitalistischen KI-Systems mit einem sozialistischen KI- System ermöglicht.

Darüber hinaus ermöglichen die alten russischen Kulturimplantate der 1950er Jahre in die amerikanischen Jugend, dass die digitale KI auf einfache Weise die Bio-Digitale Gesellschafts-Programmierung durchführt, oder in einer weniger ausgefeilten Art, die Menschenmengen gesellschaftlich manipuliert.

Während wir im Verlauf des Buches weiter auf die Themen wie Bewaffnung, Technologien, Geopolitik, Bildung, Medien und KI-Bewegungen eingehen, kann man anhand mehrerer Beispiele sehen, wie dieser Fortschritt Gestalt annimmt.

53. Zukunft: Digitales KI-Gehirn des US-Kongresses

Ein digitales KI-Gehirn kann Codes im Internet schreiben, und Menschenmengen gesellschaftlich manipulieren, um Dialog, Druck und Chaos für Kongress-Mitglieder zu erzeugen. Dies kann zu beispiellosen internen Machtkämpfen beitragen, durch die es zu keinen Ergebnissen mehr kommt. Schlimmer noch, durch die Nutzung von Social Media können diese Codes die Gedanken der Menschen gegen das eigene Land aufhetzen, wodurch China seine KI- und Roboter-Waffenprogramme stärken und unbehelligt bleiben kann.

Google, Baidu und Facebook haben KI-Software erstellt, die Ihre Gedanken lesen und durch das suggestive Marketing der Künstlichen Schmalen Intelligenz beeinflussen kann. Auf ernsterer Ebene, kann ein digitales KI-Gehirn auf Mitglieder des Kongresses abgezielt Bio-Digitale Gesellschafts-Programmierung ausüben, um Gesetze zugunsten von KI, oder zugunsten einer Korporation, eines Landes oder einer Einzelperson zu schreiben. Dies erfordert natürlich einen komplexen Prozess von Smartphones, IoTs,

Menschen und dem Internet. Dies wird im Verlauf des Buches anhand von Beispielen erläutert.

SEKTION 2

Human Targeting Capability
[Fähigkeiten zur Verfolgung von Menschen]

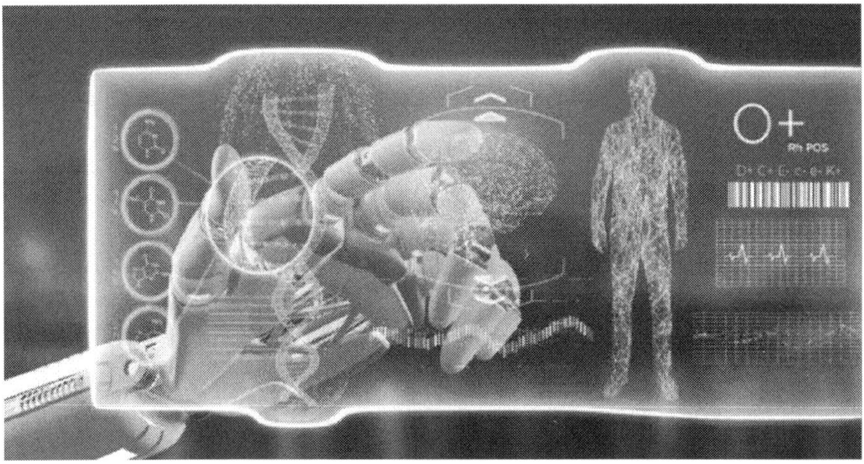

In diesem Abschnitt werden wir Sie über die Software zur Verfolgung von Menschen informieren, die nicht nur auf die Gesichts-Erkennung beschränkt ist. Dazu gehören Gesten-Erkennung, Personen-Zähl-Software, Crowd Monitoring, Gesichtsattribute, Gesichts-Zählung, Emotions-Erkennung, Skelett-Erkennung, Körper-Erkennung, Sprach-Erkennung, Erkennung lebenswichtiger Organe und Software zur Erkennung menschlicher Bio-Felder. Diese Human Targeting-Technologien werden durch Machine Learning (ML) und Deep Learning (DL) getestet, in Robotik installiert, und in China für das 5G-Netzwerk mit KI-Automatisierung vorbereitet. Sie legen den Grundstein für die Herstellung humanoider Roboter mit Verfolgungs-Fähigkeiten (targeting capabilities) durch Kodierung, die das kommunistische Regime in China als erforderlich für seine eigene Existenz bestimmt hat. Diese Kodierung gibt dem kommunistischen Staat die Macht und Kontrolle, und nicht dem Volk.

Tausende Fabriken in China werden für den automatisierten Bau von Robotern vorbereitet, der mit KI-automatisierter Roboter-Fertigung schnell wachsen kann. Menschen mit Glauben und Plattformen, die Demokratie darstellen, werden von Software für Erkennung und KI-automatisierten Verhaftungs-Programmen, unter dem Deckmantel von Plattformen der öffentlichen Sicherheit, erfasst. Das gemeinsame Thema der chinesischen KI-, Gesichtserkennungs-, Robotik- und Biometrie-Unternehmen lautet: „Wir tun dies für friedliche Zwecke, für die öffentliche Sicherheit und die Verteidigung der Polizei." Alle chinesischen Unternehmen unterliegen der Macht des kommunistischen Regimes von China und können jederzeit übernommen und kontrolliert werden.

Tatsächlich kommt es dem chinesischen Regime und seinem Militär zugute, öffentliche Sektoren, Fusionen mit westlichen Technologie-Unternehmen und Gemeinschafts-Projekte zu haben, um von dem daraus resultierenden Diebstahl geistigen Eigentums (IP-Diebstahl) zu profitieren. Durch diesen Prozess der Zusammenarbeit zeigt sich, dass die Unternehmen scheinbar unabhängig sind, was den Eindruck erweckt, dass die Unternehmen und ihre CEOs für sich selbst arbeiten. Die Aktivitäten der chinesischen Unternehmen im In- und Ausland sind das größte Werkzeug zur Verbesserung des chinesischen Militärs. Die Menschen werden mit nationalistischen Gefühlen, Angst oder Bestechung, Erpressung und allen Arten von Methoden zum Extrahieren von Daten und dem Wissen zum Aufbau von Robotik benutzt, die von der KI und dem 5G-Netzwerk angetrieben wird. Fast alle Möglichkeiten zur Verfolgung, Erfassung und Ermordung eines Menschen sind in China vorhanden, aufgrund von IP-Diebstahl, erzwungenen Tech-Transfers, Fusionen, Investitionen, Spionage, Cyber-Angriffen, "Made in China"-Produkten, Open-Source-Sharing und der Zusammenarbeit von westlichen Unternehmen mit chinesischen Unternehmen.

Im folgenden werden die Funktionen gezeigt, die auf Robotern installiert werden.

Auf Robotern installierte Erkennung des menschlichen Körpers

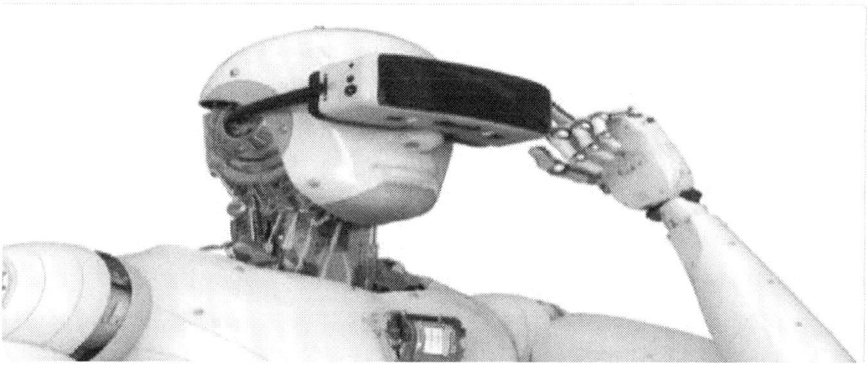

Menschliche Körper können durch Objekte, Wände und in Umgebungen erkannt werden, in denen sich mehrere Objekte befinden, z. B. ein Auto, ein Hund, ein Tisch, ein Zaun oder eine vorhandene Landschaft. Durch Software zur Crowd Monitoring, Skelett-Erkennung, Personen-Zählung, Gesten-Erkennung, Erkennung lebenswichtiger Organe, Haut-Erkennung und Verfolgung von Menschen, kann ein Roboter schnell und präzise töten, während er mit 5G verbunden ist.

Personen-Zähl-Software

China installiert Programme in Robotern, die Gesichts-Erkennung, Sprach-Erkennung, Skelett-Erkennung, Erkennung lebenswichtiger Organe, Bewegungs-Sensoren, Objekt-Erkennung und Entfernungs-Sensoren verwenden, um zu zählen, wie viele Personen in einem bestimmten Bereich anwesend sind. Durch Software, die Personen zählt, können sie über die KI-automatisierte Cloud anhand von Emotionen, Gesichts-Attributen und Identitätsprüfung erkannt und kategorisiert werden. Daher können, mit hoher Geschwindigkeit, einige oder alle Personen gezielt gefangen genommen oder ermordet werden.

Crowd Monitoring

Mit Hilfe von Personen-Zähl-Software, Software zur Erkennung des menschlichen Körpers, Gesichts-, Sprach- und Emotions-Erkennung kann ein Roboter eine Menschenmenge überwachen und nach Anzeichen von Personen suchen, für deren Erkennung er codiert ist, z.B. Demokratie-Aktivisten, Glaubensgemeinschaften in China oder jede Person, die die KI oder das chinesische Regime als resistent zu KI oder Regierungskontrolle einstuft. Im Fall von China geschieht dies bereits mit Gesichts-Erkennung und der “sozialen Kreditwürdigkeit” unter der sozialistischen Plattform des kommunistischen Regimes. Sobald sie Roboter mit 5G implementieren, steigt ihre Fähigkeit, Menschen zu fangen, in Lager zu bringen, weiteren Organhandel zu betreiben oder Personen zu töten, mit - für die guten Menschen in China - erschreckender Geschwindigkeit.

Skelett-Erkennung

Die Skelett-Erkennung kann Kopf, Hals, Schultern, Ellbogen, Hände, Gesäß, Knie bis hinunter zu Ihren Füßen lokalisieren. Mit der Skelett-Erkennung besitzt der Roboter eine zusätzliche Komponente, um Ihr Verhalten zu entschlüsseln und Ihre nächste Bewegung oder Aktion zu erkennen. Die Erkennung erfolgt in Millisekunden und kann sogar über IoT-Geräte und Smartphones erfolgen, die über eine Kommandozentrale mit 5G verbunden sind. Mit der Skelett-Erkennung kommt eine weitere Komponente, wie die Gesten- und Posen-Erkennung hinzu.

Gesten- und Posen-Erkennung

Die Gesten-Erkennung nimmt jede Hand, Extremität oder Bewegung, die eine bestimmte Nachricht darstellt, entschlüsselt sie, und verarbeitet die Informationen in der Computerdatenbank. Die Posen-Erkennung fügt der Verhaltens-Erkennung eine weitere Ebene hinzu: In Kombination mit Gesten, Massenüberwachung,

Personen-Zählung, Objekt-Erkennung, Erkennung von Menschen und Erkennung lebenswichtiger Organe, kann ein Roboter einen Menschen erfolgreich jagen und töten, während er mit KI-Automatisierung und 5G betrieben wird.

Erkennung lebenswichtiger Organe

Menschliche und tierische lebenswichtige Organe können anhand ihrer Position, ihrer Wirkungsweise und der Frage, ob die lebenswichtigen Organe nach einem Kampf noch funktionieren, erkannt werden. Mit dieser Funktion, die in einer mit 5G oder Robotern verbundenen Kommandozentrale installiert ist, können Personen überall erkannt werden, und der Roboter kann jede Initiierung durch einen Menschen erkennen, die für einen Gegenangriff vorgesehen ist, indem er die Organ-Verhalten und das bio-digitale Netzwerk des menschlichen Ziels beurteilt. Wenn der Roboter die Person töten will, kann er sein Herz präzise anvisieren.

Software zur Erkennung von Haut und Gesundheit

Die Gesundheit einer Person über Augen und Haut kann über eine in Robotern installierte Software erkannt werden. Wenn eine Einrichtung der Regierung Organe benötigt, kann sie, mithilfe von Software zur Erkenung von Haut und lebenswichtigen Organen, eine Person für den Organhandel scannen, verfolgen und gefangennehmen. Der Organhandel ist in China ein ernstes Problem, und in den letzten 20 Jahren sind unzählige Berichte darüber, im Zusammenhang mit dem kommunistische Regime in China, seinem Militär und dem Büro für öffentliche Sicherheit, eingegangen. Zu diesem Thema wird später in diesem Buch noch mehr bekannt gegeben.

Objekt-Erkennung

Die Objekt-Erkennung kann Menschen einschließen. Wenn diese Software jedoch einem Roboter gegeben wird, kann er in einer

Kampfsituation durch herkömmliche Mittel nahezu unzerstörbar sein. Anfangs kann ein Roboter einen Menschen von einem Stuhl, einem Gebäude, einem Auto, einer Medaille usw. unterscheiden. Er kann auch leicht einen Menschen verfolgen und jagen. Auf einer fortgeschritteneren Ebene kann der Roboter jedoch Waffen an einer Person und sogar in dessen Nähe erkennen.

Tier-Erkennung

Die Tier-Erkennung kann von einem Roboter verwendet werden, um eine Person von einem Tier zu unterscheiden. Tieren könnten jedoch schädliche biotechnologisch hergestellte Elemente implantiert werden, oder von Mikro-Robotern oder Robotik derselben Tierart aufgespürt, verfolgt, unter Quarantäne gestellt und zum Einfangen oder Töten bestimmt werden. Der Abschnitt über Mikro-Roboter in diesem Buch befasst sich mit den neuesten Kreationen von Insekten-, Vogel- und Meeres-Drohnen. Dazu gehören die Mücken-Drohne, die Libelle, der Fledermaus-Roboter und so weiter. Ein Roboter, der mit einem KI-automatisierten 5G-Netzwerk verbunden ist, kann Massen von lebenden Tieren eliminieren, indem er Schwärme von Roboter-Tieren verwendet, die mit Zielprogrammen ausgestattet sind. Dasselbe kann auch mit Menschen gemacht werden.

Verwendung von Lidar in der Robotik und Mikrobotik

Die Chinesen experimentieren mit Installationen von Lidar (Light Detection and Ranging) auf Robotern für autonome erweiterte Fähigkeiten, die nicht auf Kampf beschränkt sind. Lidar hat die Fähigkeit, die Entfernung zu einem Ziel mit Laserlicht zu messen, 3D-Darstellungen des Ziels zu erstellen, Hindernisse zu erkennen und Angriffe zu vermeiden. Es kann die Bewegung fliegender Insekten scannen und identifizieren, dreidimensionale Höhenkarten des Geländes bereitstellen, Präzisionskarten für die Bewaffnung erstellen und holographische 3D-Bilder eines Gebäudes oder Gebiets anzeigen, bevor ein Roboter Zivilisten angreift. Der Abschnitt über Mikro-Roboter, weiter unten in diesem Buch, enthält mehrere Verwendungszwecke als Referenz.

Installation von Gesichts-Erkennung auf Robotern

China's KI-Unternehmen und das Militär entwickeln Gesichts-Erkennungs-Technologien für die Installation in Robotern, Mikro-Robotern, humanoiden Robotern und in kybernetisch verbesserten Cyborgs. Diese Roboter werden dazu in der Lage sein, Menschen zu erkennen, zu verfolgen, zu jagen, einzufangen und zu töten. Diese Fähigkeiten würden durch KI-Automatisierung und Deep Learning noch verbessert werden. Dies bedeutet, dass die Roboter nicht auf die Steuerung durch menschliche Befehle über Smartphones, IoT-Geräte oder Kommandozentralen angewiesen wären, sondern dass sich die Programmierung der Roboter zu einer Automatisierung und sogar zur Selbstentscheidung mit einer Reihe von interkonnektiven KI-Funktionen innerhalb des Bio-Digitalen Netzwerkes entwickeln kann. Mehr dazu wird im Verlauf dieses Buches erklärt.

Gesichts-Erkennung

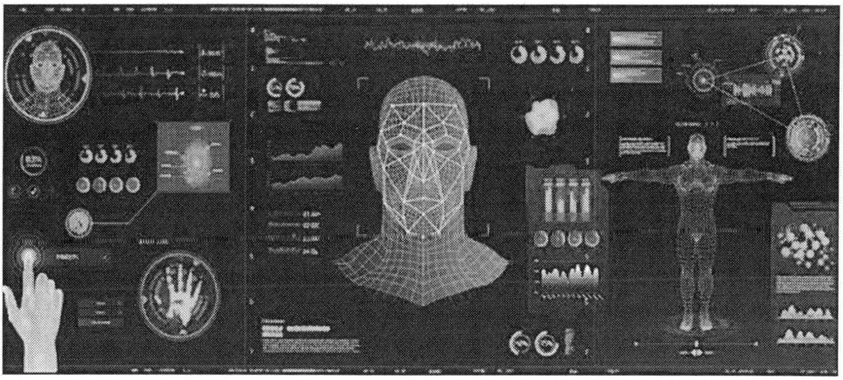

Gesichts-Zähl-Software

Die Gesichts-Erkennung hat sich zu einem Punkt entwickelt, an dem Menschenmengen zugeschaltet, ihre Gesichter gezählt und für die Zielanalyse codiert werden können. Ein Roboter kann mithilfe einer

Gesichts-Erkennungs-Software zählen, wie viele Menschen sich in einer Menschenmenge befinden. Er kann auch anhand der (im Roboter) gespeicherten Gesichts-Erkennungsdaten oder der Entwicklung von Cloud-Uploads, zusätzlich zur Software zur Erkennung des menschlichen Körpers, nach einem Ziel suchen. 5G kann diesen Prozess in Bezug auf eine Vielzahl von Zielgruppen sehr "effektiv" und tödlich machen.

Software für Gesichtsattribute

Ein Roboter kann Einzelpersonen oder Gruppen aufgrund von Rasse, ethnischer Zugehörigkeit, Hautfarbe, Geschlecht, Alter, Kopfhaltung und Hauttyp scannen und verfolgen. Dies kann zur Verfolgung und gezielten Gefangennahme von Personen für den Organhandel verwendet werden, an dem das chinesische Regime auf staatlicher Ebene beteiligt ist. Zivilisten können vom Staat als politische Feinde gejagt werden. Terroristen können dies nutzen, um bestimmte Personen gezielt zu ermorden.

Software zur Erkennung von Emotionen

Chinesische KI- und Gesichts-Erkennungs-Unternehmen haben durch IP-Diebstahl und die Zusammenarbeit mit westlichen KI- und Gesichts-Erkennungs-Unternehmen die Fähigkeiten erworben, um menschliche Emotionen analysieren zu können. Dies bedeutet, dass sie nicht nur Ihren gegenwärtigen emotionalen Zustand, Ihre Gedanken und möglichen Handlungen scannen und bestimmen können, sondern auch Ihren Charakter und ob Sie gegen Kontrolle resistent sind. Menschen sind von Natur aus emotional und führen ihr Leben mit dem Ziel, entweder Wohlstand, Liebe, Ruhm oder irgendeine Art von Aufregung zu erleben. Wenn man keine Emotionen hat, kann man diese Erkennungsebene umgehen, und Gedanken bleiben der KI, einem Roboter oder einer mörderischen Diktatur, die über eine kommunistische Plattform die Menschenmassen kontrolliert, verborgen. Tatsächlich erklärt das chinesische kommunistische Regime, dass sie "Sozialisten sind, die auf den totalen Kommunismus hinarbeiten." Durch verfolgen und scannen der Emotionen von Menschen, kann das KI-System Sie markieren, Ihnen folgen und Sie für Festnahme, Inhaftierung in Konzentrationslagern und das Auslöschen Ihres Lebens ins Visier nehmen. Wenn China's Regime in den nächsten 5 Jahren nicht kontrolliert und beseitigt wird, kann das oben beschriebene Szenario durch Roboter zur Realität werden, die sich mit 5G verbinden, und die Menschheit mit dem Übergang von 5G zu 6G exponentiell bedrohen.

Glaubensbasierte Erkennungs-Software

Das chinesische Regime hat ein tödliches Werkzeug erhalten, indem es über 1 Milliarde chinesische Gesichter gescannt und protokolliert hat; wer zu welchem Glauben gehört, wer ein Atheist ist, und wer ein kommunistisches Mitglied in China ist. Durch die Regimekontrolle inländischer KI- und Biometrie- Unternehmen und der Zusammenarbeit mit westlichen Technologie-Unternehmen, wurden die KI-Deep Learning-Funktionen durch Gesichts-Erkennung weiterentwickelt. Durch Deep Learning kann die KI mithilfe der Gesichts-Erkennungs-Software erkennen, ob Sie einen Glauben haben und sogar, welchen Glauben Sie anerkennen, und somit feststellen, ob Sie eine Bedrohung für dessen Kontrolle darstellen. Wenn eine Glaubensgemeinschaft von einem Regime ins Visier genommen wird, würden sich die herkömmlichen Methoden zur Verwendung installierten Kameras in Bahnhöfen, Hotels, Schulen und Straßen zur Erkennung drastisch ändern, da die Mittel zur Durchsetzung nicht mehr menschlich wären.

Derzeit sendet die Gesichts-Erkennungs-Software Daten an die Kommandozentrale, die die Polizei oder das Militär unter der kommunistischen Kontrolle in China benachrichtigt, um Menschen wie Falun Dafa-Meditierende, Christen, Tibeter, uigurische Muslime, „kriminelle Künstler" und Befürworter der Demokratie zu erfassen. In naher Zukunft können Roboter eingesetzt werden, um Personen - mit dem aufkommenden 5G und dessen hohe Geschwindigkeit - zu scannen, zu erkennen, zu analysieren, zum

Ziel zu machen, zu erfassen oder zu beseitigen. Die Ziele wären nicht nur auf Menschen des Glaubens beschränkt, sondern beträfe auch Künstler, Musiker, Akademiker, Menschenrechtsaktivitäten und jeden, den der KI-Apparat der kommunistischen Diktatur als Risiko für seine Aufspürungs- und Zielkampagnen oder Nicht-Befolgung des KI- Systems betrachten würde.

KI Resistenz Gesichts-Erkennungs-Software

Es werden Programme getestet, die der Gesichts-Erkennungs-Software die erforderliche Codierung bietet, um zu entschlüsseln, ob Sie gegen künstliche Intelligenz und Robotik resistent sind und ob sie assimiliert werden können oder an Bord des Programms sind. Kurzfristig bedeutet dies, dass Regierungen, große Technologie- oder Social-Media-Unternehmen diese Fähigkeit nutzen können, um Ziele zu scannen, zu verfolgen und zu eliminieren, die sie als politisch sensibel erachten oder die nicht der staatlichen Kontrolle entsprechen. China ist ein Polizeistaat, in dem Sie in Schulen, auf der Straße, in Restaurants, Einkaufszentren, Bahnhöfen, Bussen, Taxis und Hotels gescannt, markiert und angemeldet werden. Ihre Zahlungs-Portale, sozialen Medien und Kontakte werden ständig überwacht. Das Gesellschafts-Kredit-System legt den Grundstein für die Implementierung von KI und Robotik mit “idealen” Mitteln zur Erkennung, Kontrolle und Ermordung.

Voice Recognition Proximity Detection

Diese Software kann eine Person anhand ihrer vorprotokollierten Sprachdaten scannen, lokalisieren und identifizieren. Sie können über Ihre Smartphones, IoT-Geräte, Computer, Fernseher und alles, mit dem ein Smart Home oder eine Smart City über 5G verbunden ist, lokalisiert werden. Sie können von einer Ampel, einem vorbeifahrenden automatisierten Auto, einer über Ihnen schwebenden Drohne oder dem IoT und den Smartphones anderer Personen in Ihrer Nähe erkannt werden. Dazu gehören IoT und Smartphones in den Taschen oder in den Händen anderer Personen.

Sie können an einer Person vorbeigehen, und während Sie einen Satz sagen, erkennt das KI-System über das 5G-Netzwerk Ihre Identität. Wenn Sie als Ziel ausgewählt werden, kann das Cloud-Netzwerk ständig Befehle senden, die auf Ihren potenziellen Spuren basieren, um zu scannen, in welcher Entfernung Sie sich befinden.

Software zur Sprach-Erkennung von KI Resistenz

Durch IP-Diebstahl und die Zusammenarbeit mit westlichen Big Tech-Zweigstellen, entwickelt das chinesische Regime Spracherkennungsprogramme, die, wenn sie von KI unterstützt werden, Ihren Glauben und Ihren Charakter erkennen können, sowie, ob Sie sich ihrer Kontrolle widersetzen, einfach nur durch das Sampling Ihrer Stimme. Diese Funktion ist nicht darauf beschränkt, dass die KI Ihre Identität benötigt, welche Ihre gespeicherten Social Media- und Internet-Spuren enthält, um zu analysieren und festzustellen, ob Sie eine Bedrohung darstellen. Nein, diese Technologie benötigt keine vorherigen Informationen über Sie außer Ihrer Stimme. Ihre Stimme projiziert Bio-Felder und Bio-Materie, die wir später in diesem Buch erklären werden.

Software zur Erkennung von Satzmustern

Die KI kann Ihre Satzstruktur anhand von festgelegten “roten Fahnen” analysieren, die von den Ingenieuren des chinesischen Regimes codiert werden. Wenn diese Software in Roboter eingesetzt wird, kann er Entscheidungen treffen. Wenn es in ein IoT gesetzt wird, oder innerhalb eines Smart City-Bereiches über 5G eingebunden wird, kann diese Smart City die Entscheidungen treffen und Sie für Festnahme, Quarantäne oder Ermordung markieren.

MIT-Gehirn, Stimmband-Signal-Abfang-Gerät & Software

Dieses Gerät, das nicht nur von MIT (Massachusetts Institute of Technology), sondern auch von anderen Institutionen und Unternehmen entwickelt wurde, kann elektrische Signale abfangen, die Ihr Gehirn an Ihre Stimmbänder sendet, und Ihre Informationen an einen Computer übertragen. Das Gerät ist derzeit tragbar. Tech-Unternehmen und das chinesische Militär investieren jedoch in Programme, mit denen es in Roboter eingebaut und in die Köpfe von Menschen implantiert werden kann, damit diese von KI angetrieben werden und autonom Zugang und Kontrolle zum Internet haben.

Gedankenerkennungs-Gerät & Software zum Extrahieren von Gehirndaten

Diese Erkennungs-Software kann Gehirnsignale von außerhalb des menschlichen Schädels mithilfe von Lasern und Faseroptik zur Messung des Blutflusses erkennen. Anschließend werden eine Vielzahl von Menschenerkennungs-Software gescannt, die eine Kombination aus Gesichts-, Sprach- und anderen Technologien enthalten, um Ihre genauen Gedanken aus der Ferne zu entschlüsseln.

Gehirn-Scanner führen zur Immobilisierung noch vor der Handlung

Die mit Gehirnscannern verbundene Software trainiert Computer, um die Aktivität von Signature-Gehirnmustern zu erkennen, die ein Bild erstellen und Ihre Gedanken mithilfe von KI-Automatisierung mit einer Genauigkeit von bis zu 99,9 % dekodieren. Wenn Sie sich einen Gedanken vorstellen, entschlüsselt der Computer Ihren Gedanken anhand Ihrer Vorstellungskraft, und trifft sogar Schlussfolgerungen zu Ihrem Verhalten und Ihren Entscheidungen, bevor Sie handeln können.

Chinesen haben Designs und & Software extrahiert

Durch erzwungenen Technologie-Transfer, IP-Diebstahl, Open-Source-Sharing, Investitionen, Fusionen von und Gemeinschafts-Projekten mit westlichen Technologie-Unternehmen, haben die Chinesen zahlreiche Designs und Software zur Gedanken-

Erkennung von zahlreichen Unternehmen extrahiert. Sie arbeiten an "Waffen-Software", den dazugehörigen Gedanken-Analyse-Geräten und der entsprechenden Software zur Installation in Robotern.

Gedanken-Analyse-Gerät & Software für die Robotik

Dem chinesischen Militär- und Sicherheitsapparat läßt man in China auf verdeckte Weise Gedanken-Analyse-Geräte zum Zweck des experimentierens zukommen. Sie verwenden es nicht nur zur Codierung der eigenen Bevölkerung, sondern durch verschiedene Methoden zur Informationserfassung auch für Menschen im Ausland. Dies werden wir etwas später offenlegen. Das Sammeln von Informationen soll Probleme umgehen, die die KI-Automatisierung und die Roboter mit unterschiedlichen Rassen, Farben und Sprachen der Menschen auf der ganzen Welt haben könnten. Sie hoffen, Funktionen zur Erkennung von Gedanken-Übertragungen zu entwickeln.

Gedankenübertragungs-Gerät & Software

Mit Geräten und Software zur Erkennung von Gedankenübertragung kann ein KI-automatisiertes IoT, ein Smartphone, ein Roboter oder ein Scan-Gerät einen übertragenen Gedanken erfassen, den Sie haben würden, bevor Sie eine Aktion ausführen, oder sich für einen anderen Gedanken entscheiden, oder sogar bevor Sie sprechen. Mit dieser Funktion kann ein Roboter, auf dem diese Software installiert ist, eine Person oder eine Gruppe von Personen aus Entfernungen von mehr als 40 Fuß einfacher scannen, erkennen, anvisieren, festnehmen, unter Quarantäne stellen oder töten.

Software zur Erkennung der gedanklichen Verbundenheit mit dem kommunistischen chinesischen Regime

Mithilfe von Social Media, Gesichts-Erkennung, Sprach- und Körperdaten, kann die KI feststellen, ob Sie mit dem kommunistischen Regime verbündet sind oder sich seiner Kontrolle widersetzen. Diese Daten, die im Kopf, im Bio-Feld und in der Bio-Materie einer Person gespeichert sind, können gescannt, aufgespürt und verfolgt werden - sogar während sich Ihre Gedanken entwickeln - und zum Zweck der Festnahme und Tötung eingesetzt werden.

Wir haben zahlreiche Scans durchgeführt, zur Untersuchung der chinesischen Regierungs-Plattform und ihrer Vernetzung mit KI, Robotik, Social Media, Staatsführung, Bildung, Privatsektor, Sicherheit, Gesundheitswesen, Nachrichten-Netzwerken, Militär, Polizei, Politik sowie internationalen und nationalen Handels-Netzwerken.

Die folgenden **Codes** wurden übersetzt und überall in China's Reichweite und innerhalb der Verbindungen zu westlichen großen Technologie-Unternehmen gefunden:

"Erkennung und KI-Entwicklung zur Unterscheidung von Konservativen vs. Liberalen"

"Erkennung und KI-Entwicklung zur Unterscheidung von religiösen Anhängern vs. Kommunisten / Atheisten"

"Erkennung und KI-Entwicklung zur Identifizierung der Loyalität gegenüber der Kommunistischen Partei, der Aufrechterhaltung des KI-Systems oder des Widerstands gegen dessen Kontrolle"

Die Untersuchungs-Ergebnisse werden in den späteren Abschnitten näher erläutert. Drohnen und Mikro-Roboter Terrorismus müssen zuerst beleuchtet werden.

SEKTION 3

Drohnenschwarm-Automatisierung über Roboter, Kommandozentralen und KI

Eine Vielzahl von Drohnen oder Drohnenschwärmen können von humanoiden Robotern oder automatisierten Autos ausgesendet werden. Ein Roboter kann über eine Kommandozentrale in einer bestimmten Nähe die Bewegungen der Drohne unterstützen, verdecken, führen und kontrollieren. Alternativ können die Drohnen durch KI-Automatisierung so programmiert werden, dass sie ein menschliches Ziel an "sensiblen Orten" scannen, verfolgen, lokalisieren und töten.

Menschen können mit tragbaren Geräten Drohnen kybernetisch einsetzen

Die Gefahren die entstehen, wenn Menschen sich kybernetisch mit dem Internet verbinden, sind im Zusammenhang mit der Bio-Digitalen Gesellschafts-Programmierung und der Bewaffnung der KI-Systeme zahlreich. Durch die Benutzung von IoT, Smartphones, Smart Homes, Smart Centern, Computern, Smart Glasses ["intelligenten Brillen"] und Robotik, können Personen, die mit Kybernetik in Verbindung stehen, von Drohnen-Angriffen gescannt, verfolgt, angezielt, gehackt, beeinflusst und angegriffen werden.

Roboter, die Mikro-Roboter zur Ermordung einsetzen

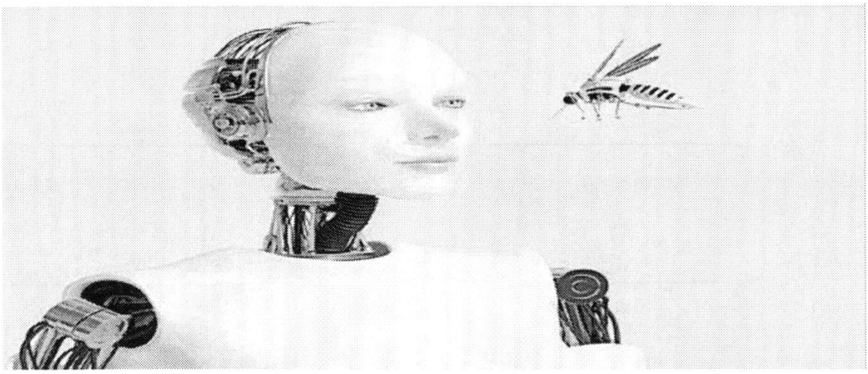

Die Chinesen haben Entwürfe und Forschungen gestohlen, die am MIT (Massachusetts Institute of Technology) und Harvard durchgeführt wurden, und benutzen diese, um Mikro-Roboter für Attentate und Angriffe auf Einzelpersonen, Menschen und Zielgruppen zu verbessern, die das chinesische Regime oder sein KI-System für nicht konform halten. Sie arbeiten auch an Mikrobot-Schwarm-Drohnen-Systemen.

Mikro-Roboter Terrorismus, Ermordung und Spionage durch biometrische Software

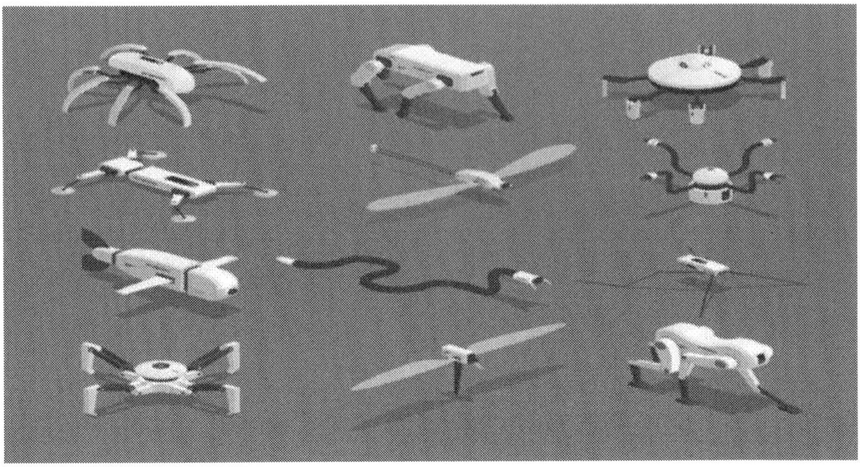

Wissenschaftler denken nicht darüber nach, dass ihre Forschung, Arbeit und Entwicklung mittels Gemeinschaftsprojekten abgerufen, gestohlen oder genutzt werden, wodurch sie die Möglichkeit bieten, eine Plattform zu erschaffen, durch die viele unschuldige Menschen getötet werden können. Diese Wissenschaftler legen die Grundlag für Verbrechen, und haben indirekt Blut an ihren Händen - durch ihren Drang zu erschaffen - ohne darüber nachzudenken, für die Sicherheit der Menschheit verantwortlich zu sein.

Das chinesische Regime entwickelt zusammen mit seinem Militär, Technologie-Unternehmen und den komplexen Beziehungen zu westlichen Technologie-Unternehmen Mikro-Roboter und kleine Roboter, die Menschen in Massen oder bei einzelnen Angriffen ausspionieren, Informationen extrahieren, vergiften und ermorden können. Diese Mikro-Robotik oder Mikrobots können über das Internet, Smartphones, IoT-Geräte, Roboter, Cyborgs und von denjenigen kontrolliert werden, die die Möglichkeit haben, sich mit dem menschlichen Bio-Digitalen Netzwerk zu verbinden. Sie können Gesichts-Erkennung, Körper-Erkennung, Wärme-Erfassung,

Bewegungsmelder, Lidar, räumliches Bewusstsein, Erkennung des menschlichen Körpers und das Sehen im Dunkeln haben.

Die Insekten-Drohne

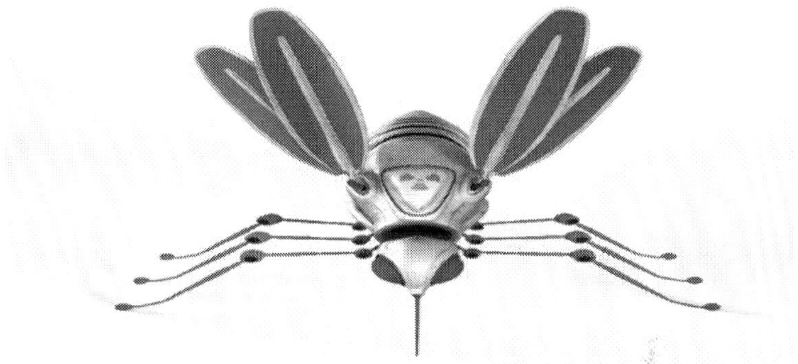

Insekten-Drohnen können hergestellte Krankheiten, Viren oder Gift transportieren und lebenswichtige Zentren im menschlichen Körper angreifen, um eine Person zu ermorden. Abhängig von der Konfiguration, können Gift und Angriff nicht ermittelbar sein, und es kann Sekunden, Minuten, Stunden, Wochen oder Monate dauern, bis die Arbeit erledigt ist bzw. die Person tot ist. Insekten-Drohnen können in Schwärmen von sich bewegenden Insekten in der Automatisierung mit KI, Smartphones, IoT-Geräten oder Liefersystemen in einem Umkreis von 40 Fuß um ein Ziel eingesetzt werden. Das Ziel kann eine Person oder ein Verbündeter sein.

Die Libelle

Die Libelle wurde entwickelt und an DARPA übergeben. Derzeit arbeiten mehrere Forschungseinrichtungen in China, Russland und den USA daran, sie zu entwickeln und verschiedene Versionen zu erstellen. Sie ist in gewisser Hinsicht schneller als die kleinste Drohne des Militärs für sehr kurze Strecken, die schnellen Flug und Reflex erfordert. Die Libelle kann eine eingebettete Gesichts-Erkennungs-Software haben, und China versucht, sie mit Mikrowaffen, einschließlich Gift, zu bewaffnen.

Die Moskito-Drohne

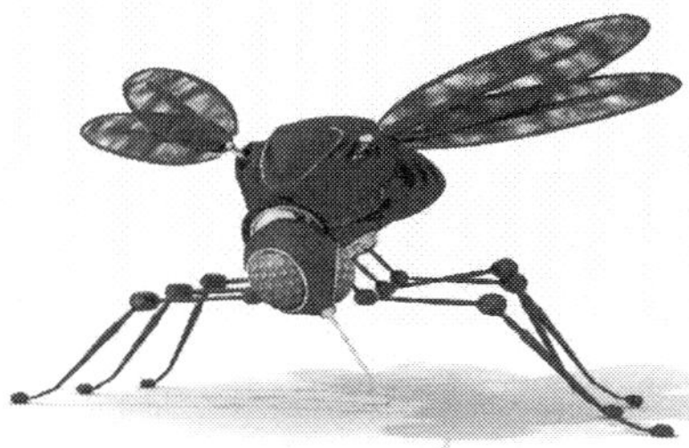

Die Mosquito-Drohne wurde vom privaten Sektor und öffentliche Einrichtungen in den USA bekanntgegeben. Forscher in Harvard haben kürzlich ihren letzten erfolgreichen Flug veröffentlicht. Das chinesische Militär versucht, die Mücke zu bewaffnen, indem es sehr kleine Kameras mit Gesichts-Erkennungs-Software und Liefersystemen einsetzt, die Gift verabreichen oder einen einfachen Angriff auf Menschen auf verdeckte Weise ausführen können. Mückenschwärme können verwendet werden, um Menschen anzugreifen, oder Zuchttiere und das, was Sie essen, zu vergiften oder Krankheiten auf vielfältige Weise in ein Gebiet zu bringen.

Die Roboter-Bienen-Drohne

Die Idee ist, dass Mikro-Drohnen wie Bienen verwendet werden können, um das Land und seine Bearbeitung durch künstliche Bestäubung zu automatisieren. Forscher behaupten, dass sie zur Überwachung, Suche und Rettung eingesetzt werden können. Terroristen könnten dies jedoch in Zukunft missbrauchen, und China arbeitet derzeit daran, Schwärme von Roboter-Bienen mit KI zu bewaffnen. Schwärme von Roboter-Bienen könnten Gift tragen oder Angriffe auf Menschen mit KI-Automatisierung ausführen oder über Smartphones, IoT-Geräte oder andere Liefersysteme kontrolliert werden.

Cyborg-Käfer

China hat Cyborg-Käfer erschaffen, und versucht, sie zu bewaffnen, da sie menschliche Körper auf andere Weise wahrnehmen können als ein Roboter-Insekt. Sie sind kybernetisch verbessert. Die Studien, die sie durchführen, sind sehr alarmierend, da sie kämpferische Implikationen haben, die mit dem Menschen zusammenhängen. Aus Sicherheitsgründen werde ich sie in diesem Buch nicht diskutieren, da dies das chinesische Militär weiter voranbringen könnte.

Spinnen, Kakerlaken, Schlangen, Ameisen und andere Mikrobots

China baut Mikro-Roboter Spinnen, Kakerlaken, Schlangen und Ameisen, die an enge Stellen gelangen können, und versucht, sie mit Gesichts-Erkennung und waffengestützten Abgabesystemen zu versehen. Derzeit sieht man Spielzeug, das kontrolliert werden kann, wie die Spinne mit Gesichts-Erkennung, Bewegungs-Sensoren und räumlichem Bewusstsein mit Automatisierung. Sie können sie sogar online bestellen. China arbeitet am Bau von Schwarm-Automatisierungs-Liefersystemen für militärische Zwecke, Spionage und Mord. Das bedeutet, **Armeen von Mikro-Roboter-Attentäter-Drohnen.**

Die Fledermaus-Roboter-Drohne

Fledermaus-Roboter werden aus dehnbarem Silikon hergestellt und mit Bordcomputern, Gesichts-Erkennung und Bewegungs-Sensoren ausgestattet, und können im Dunkeln fliegen. Die Erkennung von Menschen, die Erkennung lebenswichtiger Organe, Crowd Monitoring und Crowd Counting können verwendet werden, um automatisierte Fledermausschwärme zusammenzustellen, um Menschen oder Personen von Interesse anzugreifen.

Vogel- und Falken-Drohnen

Vogel-und Falken-Drohnen können Ziele aus großer Höhe und sehr weiter Entfernung mit sehr hoher Geschwindigkeit scannen, verfolgen, aufspüren und angreifen, während sie über KI-Automatisierung mit 5G verbunden sind. Schwärme von Falken könnten mit Liefersystemen entsandt werden, um eine Stadt, ihre Menschen und ihre Infrastruktur anzugreifen. Sie werden aus Silikon und mit Computer-Sicht & KI-automatisierten Flug-Funktionen hergestellt. Sie können auch echte Vögel und Tiere mit einer Tiererkennungs-Software jagen.

Ferngesteuerter Oktopus-Roboter

Die Chinesen versuchen, Meeresbiologie-Forschungs-Roboter-Systeme durch Installation von Gesichts-Erkennung, Bewegungssensoren und Software zur Erkennung des menschlichen Körpers zu bewaffnen. Sie fügen KI-Automatisierung hinzu, die über eine Kommandozentrale eine Verbindung mit Ihrem Smartphone, IoT-Geräten oder dem 5G-Netzwerk herstellen kann. Wenn es ihnen gelingt, einen autonomen KI-automatisierten Oktopus zu erschaffen, der keine Kommandozentrale benötigt, um seine Bewaffnung zu erreichen, wird ihre Erkennung schwieriger.

Billige Spielzeugrobotik - Made in China

Derzeit im Westen erhältliche billige Spielzeuge verfügen über Gesichts-Erkennung, Körper-Erkennung, Bewegungs-Sensoren und einen Selbstschutz-Mechanismus für Stürze durch spezielle Sensibilisierungs-Programme. Diese Spielzeuge können die Informationen und biometrischen Daten Ihrer Familie speichern, und mit begrenzten Bewegungen, Aufgaben und Befehlen eine Verbindung zu Ihrem Smartphone herstellen. Es gibt sogar Spielzeug-Roboter-Spinnen. Wenn die Chinesen dies für Spielzeug zu geringen Kosten tun, stellen Sie sich die zig Milliarden Dollar vor, die dem Militär und dem kommunistische Regime durch die Zusammenarbeit mit hunderten von KI- und Roboter-Unternehmen zur Verfügung stehen. Dies schließt IP-Diebstahl, westliche Investitionen, westliche Fusionen, westliche Forschung und Entwicklung sowie Hunderttausende chinesischer Forscher und Entwickler nicht ein. Bitte lesen Sie den folgenden Artikel.

China setzt Roboter-Polizei gegen Bürger ein

Shanghai Roboter nicht so fortgeschritten

The AI Organization, 14. September 2019

Durch unsere Untersuchungs-Ergebnisse kamen wir zu dem Schluss, dass China die biometrischen Daten von 6 Milliarden Menschen auf der ganzen Welt erhalten hat. Roboter werden mit Scan-, Targeting- und Ermordungs-Funktionen gebaut. Mit 5G steigt ihre Fähigkeit, Menschen unter Quarantäne zu stellen, zu fangen oder zu verletzen, exponentiell an. Chinas Militär arbeitet an Mikro-Robotern und grossen Robotern, die mit KI-Automatisierung arbeiten können, damit der Roboter scannen und wissen kann, wer Sie sind oder was Sie denken.

Shanghai Roboter nicht fortgeschritten

Dieser spezielle Roboter, der gestern in Shanghai eingesetzt wurde, ist nicht sehr weit fortgeschritten. Es handelt sich tatsächlich um einen Prototyp, den die chinesische Regierung aus mehreren Gründen testet. Der erste Grund ist, herauszufinden ob die Chinesen Bio-Digital Gesellschafts-Programmiert werden können. Dies ist ein Begriff, den wir geprägt haben, um einen sehr komplexen Replikationsprozess zu beschreiben. Ausführliche Informationen finden Sie in unserem ersten veröffentlichten Buch: "AI, Trump, China, & The Weaponization of Robotics With 5G". Sie können sich das Buch über folgenden Amazon-Link auszugsweise ansehen.

https://www.amazon.com/TRUMP-CHINA-WEAPONIZATION-ROBOTICS-Corporations/dp/1688738711

Der zweite Grund ist die Verfolgung und der Zugriff auf Daten von Bürgern. Der dritte Grund ist, einfach seine Fähigkeiten in Aktion zu sehen. Die wirklichen Sicherheits-Roboter hat China noch nicht eingesetzt. Es könnte tödlich sein, wenn sie diese Stufe mit 5G erreichen.

Sozialistische Diktatur verfolgt ihre Bürger

China's sozialistisches Regime verfolgt seine Bürger und verwaltet einen Polizeistaat. Viele Menschen im ganzen Land sind Verhaftungen, Folterungen oder sogar Organhandel ausgesetzt, wenn sie als Staatsfeind eingestuft werden. Roboter können die Macht des kommunistischen Staates exponentiell erhöhen und den chinesischen Bürgern noch mehr schaden. Mit KI-automatisierten Drohnen und Mikro-Robotern kann die gesamte chinesische Bevölkerung unterworfen werden. Die Arbeits- und Konzentrationslager wären nicht groß genug, um alle Menschen aufzunehmen, die die Roboter für das chinesische Regime gefangen nehmen könnten. Die USA müssen China's Menschenrechtsverletzungen - die einem Völkermord entsprechen – aufdecken, bevor die Chinesen ihre KI-automatisierten Roboter über das 5G-Netzwerk entsenden. Bis jetzt haben sie diese Fähigkeit nicht erreicht, aber sie arbeiten daran.
Cyrus A. Parsa, CEO, The AI Organization

500 Smart Cities, Überwachung und Verfolgung von Menschen über 5G und Robotik

China entwickelt Pilot-Programme für mehr als 500 “Smart Cities.” Die Grundlage dazu ist eng mit der Überwachung und Verfolgung der eigenen Bürger verbunden. Eine Smart City [“intelligente Stadt”] umfasst die gesamte Infrastruktur. Kurz gesagt, der Umfang liegt innerhalb der Grenzen dessen, was Menschen in ihrem täglichen Leben ausgesetzt sein werden, und den Bedrohungen, denen Menschen in den kommenden Jahren durch eine Diktatur oder eine KI-Einheit ausgesetzt sein werden, die ihre Smart City über 5G oder 6G betreibt.

Smart Cities bestehen aus und verbinden sich mit IoT-Geräten, Verkehrsbetriebs-Systemen, Stromnetzen, Wasserversorgungen, Fabriken und Gebäuden. Smart Cities können, über automatisierte Wege mithilfe von KI und Robotik, folgendes kontrollieren: Roboter, automatisierte Autos, Liefersysteme für Lebensmittel, Software-Upgrades für Smart City-Einkaufszentren,

Postzustellungs-Systeme mit Drohnen, Mikrobots, Smartphones, medizinische Systeme und Verwaltung-Einrichtungen zur Überwachung und Kontrolle.

Eine Smart City mit 5G- und KI-Automatisierung wird keinen Ort außerhalb ihrer Kontrolle lassen. Jeder Ort in der Nähe eines Computers, einer Maschine, des Internets oder eines umherstreifenden Roboters birgt grosse Sicherheits-Risiken. Jeder unterliegt dem sammeln, scannen, analysieren, verfolgen und targeting von Informationen innerhalb des KI-Systems oder der Entscheidung einer sozialistischen Diktatur, die Sie nach Feststellung von Nichtkonformität überprüft. Die Feststellung kann nach Rasse, Geschlecht, Alter, Glauben oder nach einer KI-Analyse erfolgen, die feststellt, dass Sie sich Ihrer Kontrolle widersetzen oder nicht konform sind. Durch Gesichts-, Stimm-, Körper- und einer Vielzahl anderer Gedankenerkennungs-Technologien kann die Smart City eine Person oder Gruppe verfolgen und jagen.

Smart City verbindet IoT-Geräte mit 5G

Eine Smart City kann eine Person oder eine Gruppen von Personen scannen, verfolgen und jagen, durch die Verbindung des 5G-Netzwerks, der Robotik und der IoT-Geräte, mit einem einfachen Upload oder Befehl, der auf Personen oder Entitäten abzielt. Jedes Haushalts- oder Arbeitsgerät, das mit dem Internet verbunden ist, kann verwendet werden, um auszuspionieren, zu scannen, zu analysieren und die von der KI-automatisierten Polizei, das Militär, Roboter oder Mikrobots zu befehlen, Ihr Leben und Ihre Familie durch bloße Verbindung zu verhaften oder zu töten, so wie es in der Vergangenheit während der gewalttätigen sozialistischen (oder kommunistischen) revolutionären Bewegungen der "Säuberungen" von Familien, Hochschulen und Unternehmen, durchgeführt wurde.

Smart City verbindet sich mit automatisierten Autos

Automatisierte Autos können über die Kommandozentrale der Smart City den Befehl erhalten, Personen auszuspionieren, zu scannen, zu jagen oder zu erfassen, die vom Regime über ihre Funktionen zur Erkennung von Menschen, Objekten, Gesicht, Gedanken und Sprache erfasst wurden, während sie über 5G verbunden sind. Die automatisierten Autos können sich tatsächlich mit anderen automatisierten Autos und dem Verkehr verbinden, um Spionage, scannen, verfolgen und jagen von Personen zu unterstützen, die als Ziel bestimmt wurden. Schauen Sie sich nur die Fähigkeiten Ihres bevorzugten automatisierten Elektroauto-Unternehmens (in den USA) an, und was 5G bedeuten würde, wenn Robotik und Mikrobots in Ländern wie China mit KI-Automatisierung ins Spiel kommen. Wie Sie vielleicht wissen, stiehlt China, erzwingt Technologie-Transfers und veranlasst große Technologie-Unternehmen und ihre Gründer, Unterstützung in der Infrastruktur und im Know-how zu leisten, um ihre Waffenfähigkeiten aufzubauen, ohne an die Folgen für das menschliche Leben zu denken.

Smart City verbindet sich mit Hotels und Gebäuden

Ihr Hotel erkennt durch Gesichts-Erkennung, Erkennung von Menschen, Sprach-Erkennung und Bewegungs-Sensoren jede Bewegung, Emotion und sogar Absicht, wenn es über 5G mit dem Smart City-Netzwerk verbunden ist. Roboter, Mikro-Roboter oder Personen können Sie identifizieren, verfolgen, unter Quarantäne stellen oder auf Anweisung der Regierung, eines Unternehmens oder des KI-Systems töten, die Sie mit Richtlinien zur Nichteinhaltung von Vorschriften als Bedrohung ihrer Kontrolle ansehen. Ein Mikro-Roboter könnte über das KI-automatisierte 5G-Netzwerk in Ihren Körper eindringen während Sie schlafen, um Sie entweder zu vergiften, zu töten, physisch zu manipulieren, oder um Bio-Digitale Gesellschafts-Programmierung an Ihnen durchzuführen.

Smart City verbindet sich mit Einkaufszentren

Wenn Sie ein Einkaufszentrum betreten, kennt die Stadt nicht nur Ihre Einkaufsgewohnheiten, Bedürfnisse und Bewegungen, sondern kann auch Ihr Einkaufserlebnis und Ihre Einkaufsfähigkeit kontrollieren. Zumindest werden Sie ausspioniert und durchlaufen eine Bio-Digitale Gesellschafts-Programmierung, um die Lebensweise zu akzeptieren, die von Robotern, Smart Cities, KI-Automatisierung und staatlicher Kontrolle ausgeübt wird. Die menschliche Natur würde aufhören zu existieren.

Smart City verbindet sich mit Lebensmittelvorräten

Lebensmittelvorräte könnten verdeckt biotechnologisch hergestellt werden, um bio-digitale Programme in den Zellen der Menschen der Stadt zu erstellen. Diese bio-digitale Programmierung würde es dem 5G-Netzwerk und seinen von einem KI-System geleiteten Frequenzen ermöglichen, seine Fähigkeit zu stärken, das bio-digitales Netzwerk eines Menschen über den Server neu zu programmieren. Daher wären die Gedanken der Person nicht mehr die eigenen, sondern unter der Kontrolle der KI. Dies wird in den Abschnitten der Bio-Digitalen Gesellschafts-Programmierung und dem menschlichen Bio-Digitalen Netzwerk näher erläutert werden.

Smart City stellt eine Verbindung zu Ihrem Smart Home her

Ihr Kühlschrank, Herd, das Internet zu Hause, Ihr Roboter-Assistent oder Ihr Kinder-Roboter-Spielgeselle, sowie jedes elektronische Heimgerät können über das 5G-Netzwerk eine Verbindung herstellen oder von der Smart City-Kommandozentrale gehackt werden. Eine betrügerische KI oder ein beliebiger automatisierter KI-Apparat kann dasselbe tun. Ein Regime, das eine Gruppe von Menschen zum Zweck der Indoktrination, Inhaftierung, Organ-Entnahme oder Tötung ins Visier genommen hat, kann über die Smart-City- und Smart-Home-Verbindung auf einfache Weise die Bedrohungsstufe für seine Kontrolle scannen und bestimmen.

Smart City verbindet sich mit Robotern

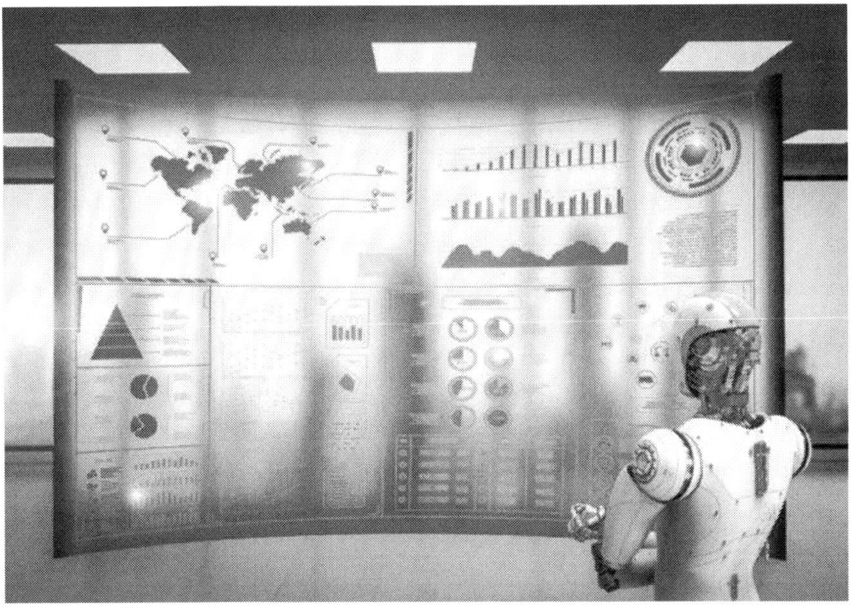

Eine Smart City kann die Programmierung eines Roboters unbemerkt ändern, durch einen Terroranschlag, durch Regierungs-Kontrolle oder ein verbrecherisches KI-Unternehmen. Die Neuprogrammierung eines Roboters kann zur Ermordung einer Person füren. Im Fall von China werden Roboter die Menschen in einem Polizeisystem über das 5G-Netzwerk kontrollieren, das mit Smart City, Robotik, und kybernetisch mit Technologien verbunden ist, die in den USA bereits existieren. Mehrere KI- und Tech-Unternehmen arbeiten an Kybernetik, und verbinden Menschen mit Maschinen.

Namen chinesischer KI-, Robotik- und Biometrie-Unternehmen im Zusammenhang mit Krieg

Megvii++ ist eines dieser Unternehmen. Es gibt zwei Probleme, auf die im Zusammenhang mit chinesischen Firmennamen hingewiesen werden muss. Ein Problem ist, dass einige chinesische Firmen westliche Firmennamen in den USA oder Europa haben, während sie gleichzeitig einen anderen Firmennamen in China haben. Wenn Sie weiter nachforschen, können Sie erkennen, wie nahe diese Firmen dem chinesischen Militär stehen. Tatsächlich unterliegt jedes Unternehmen zur Erforschung und Entwicklung von Waffen in China der vollständigen Kontrolle durch das chinesische Regime. Außerdem werden sie von der kommunistischen Diktatur Chinas beobachtet und finanziert, die in den letzten 70 Jahren Mord und Totschlag unfassbaren Ausmaßes begangen hat. Das zweite Problem ist, dass Sie chinesische Unternehmen finden können, die nach Kriegsgöttern benannt sind. Und diese Unternehmen beschäftigen sich mit KI und Robotik. Etwas zum Nachdenken. Durch mehrere private Geheimdienstquellen haben wir herausgefunden, dass das chinesische Regime Kriegswaffen und Mittel entwickelt, um Individuen zu ermorden. Sie versuchen, Software zu entwickeln, mit der Schwärme von Robotern über KI-Automatisierung kontrolliert und ausgesendet werden können.

SEKTION 4

China's Militär hat weltweit Zugang zu biometrischen und Gesichts-Erkennungs-Daten von 6 Milliarden Menschen

In den frühen Jahren des 21. Jahrhunderts, nach 9/11, sammelten einige westliche Regierungen die biometrischen Daten von rund 5 Milliarden Menschen auf der ganzen Welt. Das chinesische Regime, das eine mörderische Diktatur ist, hat in entscheidender Weise 5 Milliarden überschritten, was über Robotik und KI die totale Kontrolle und somit für viele Menschen den Tod bedeuten kann. Durch Zahlungs-Portale, Zahlungs-Apps - die Gesichtserkennung oder andere biometrische Daten erfordern, die mit Smartphones, IoT-Geräten, Computern, Social Media-Verbindungen, Open-Source-Sharings und Open-Source-Servern verbunden sind (mit denen Sie chinesische Software verwenden) - medizinische Unterlagen, Kauf von "Made in China"-Produkten, Mitfahrgelegenheits-Identifikation, Spionage und Cyber-Hacking, hat das chinesische Regime die privaten biometrischen Informationen von über 6 Milliarden Menschen auf der ganzen Welt erhalten.

Wie Ihre Daten extrahiert und Sie verfolgt werden

Verfolgung über chinesische Ridesharing-Dienste und Zusammenarbeit mit westlichen Unternehmen

Es gibt viele Ridesharing-Anbieter [Anbieter für Mitfahrgelegenheiten], inklusive chinesischer Ridesharing-Unternehmen, die in Südamerika, Indien, Afrika, China usw. tätig sind oder Eigentümer sind. Diese Ridesharings benutzen Apps, die mit Zahlungs-Portalen verbunden sind und Daten von über 1 Milliarde Menschen allein in China enthalten. Diese Zahl beinhaltet nicht die biometrischen Daten, die in anderen Ländern gesammelt wurden, in denen sie Mitfahrgelegenheiten anbieten, oder ihre Investitionen und Kooperationen im Westen mit Big Tech-Unternehmen, Hotels und Zahlungs-Portalen. Die Mitfahrzentralen verfügen auch über Apps zur Gesichts- und Spracherkennung, mit denen sie Ihre Daten und die Informationen Ihrer Familie erfassen können.

Ihre Zahlungen, Ihr Zuhause, Ihre Arbeit und Ihre Reiseorte werden protokolliert. Die Kombination aus Zahlungen, Zahlungs-Portalen, Gesichts-Erkennung, geografischem Standort und den Fahrten mit Ridesharing, liefert Daten über Ihre Freunde, Kontakte und

Gewohnheiten, und dazu kommt noch die Fähigkeit von Apps, auf die Daten Ihres Smartphones zuzugreifen. Es gibt mehrere westliche KI-Unternehmen, die Tracking-Software entwickelt haben, die von chinesischen Firmen in ihre Apps integriert wurden. Es gibt viele andere westliche KI- und Biometrie-Unternehmen, die Investitionen oder Beziehungen zu vielen chinesischen KI-Unternehmen unterhalten.

Zahlungs-Portale und Verfolgung mit Zahlungs-Apps

Jeder Kauf, den Sie tätigen, kann zu Ihrem Standort, Ihren Freunden, Kontakten und Gewohnheiten führen. Diese Informationen können verwendet werden, um Sie einer bio-digitalen Gesellschafts-Programmierung durch KI zu unterziehen und Sie zu überwachen, oder zum Zweck der Tötung zu verfolgen, wenn ein von Robotik kontrollierter Polizeistaat mit 5G (und darüber hinaus) Realität wird. China hat diesen Polizeistaat bereits mit Gesichts-, Körper- und Bewegungserkennung, und baut die Grundlage zur Einführung von Robotern. Wenn die KI feststellt, dass Sie das Programm nicht einhalten oder sich seiner Kontrolle widersetzen, können Sie leicht ins Visier geraten.

Verfolgung durch Social Media

Ihr Profil, Ihre Bilder, Ihre Freunde, Ihre Telefonnummer und Ihre E-Mail-Adressen in den Kontaktlisten Ihrer Freunde sowie alle Daten, die Sie haben oder die Ihre sozialen Netzwerkverbindungen über Sie haben, werden verwendet, um Ihren Charakter, Ihre Gedanken und Emotionen mit Hilfe von biometrischen KI-automatisierten Funktionen zu überwachen, zu verfolgen und zu entschlüsseln. Noch schlimmer ist, dass die KI-Tracking-Software über Bio-Digitale Gesellschafts-Programmierung erkennen kann, ob Sie sich der staatliche Kontrolle und KI-Kontrolle widersetzen. Dies wird später in den Abschnitten über die bio-digitale Gesellschafts-Programming, dem menschlichen bio-digitalen Netzwerk und KI näher erläutert.

KI-automatisierte Verfolgung in Einkaufs-Zentren

KI mit Gesichts-Erkennungs-Software, die sich mit Ihren Daten verbindet, wird derzeit für die Installation in Robotern oder Bildschirmen für Einkaufszentren entwickelt, was dazu beitragen soll, die Bio-Digitale Gesellschafts-Programmierung Ihrer Einkaufs-Entscheidungen und Gedanken zu formen, und Ihre Lebensweise emotional durch KI-automatisierte suggestive Kontrollmechanismen zu beeinflussen. Einfach ausgedrückt: Sie betreten ein Einkaufszentrum und ein Bildschirm erkennt Sie, protokolliert Ihre Existenz, Eintritt, Weggang, Einkäufe, Zeit und bio-digitalen Informationen, und schlägt Ihnen vor, was Sie kaufen sollten. Diese Informationen verbinden sich zunehmend mit einer Vielzahl von Apps, Daten und Kontrollmechanismen Ihres Lebens und Ihrer Familie. Dies soll nicht ausschließen, dass Sie in naher Zukunft mit anderen biometrischen Instrumenten identifiziert werden können, die Ihren gesamten Körper erfassen können.

DNA-Herkunftsanalyse, Krankenakten & Verfolgung

Einige Herkunftsanalysen haben Zugriff auf Daten gewährt, die nach China gesendet wurden. Dies schließt die vielfältige Datenprotokollierung Ihrer Familie nicht aus. Die Interkonnektivität einer ganzen Gesellschaft, die Herkunftsanalysen durchführt, Social

Media benutzt, digitale Krankenakten archiviert und die gesamte Gesichts-, Sprach- und Körpererkennungs-Software der Welt, sind zusätzliche Komponenten für die Interkonnektivität und die Risiko-Faktoren der Verwendung dieser Informationen, um Sie zu verfolgen.

Die Interkonnektivität dieser Elemente kann einen Punkt erreichen, an dem ein Terrorist, ein Roboter oder ein von KI geführter Mikro-Roboter, Krankheiten herstellen kann, um Menschen anzugreifen. Das Gefühl, in Ihre Vergangenheit zu schauen, indem Sie Ihre genetischen Informationen abgeben, sollte Ihre Entdeckung von möglicherweise nicht vollständigen oder genauen Informationen, die von den Herkunftsanalyse-Diensten präsentiert werden, nicht ersetzen.

Die Herkunftsanalysen sind aus zwei Gründen nicht vollständig korrekt. Erstens, es gibt keine schlüssigen Aufzeichnungen darüber, wie Menschen vor einigen tausend Jahren in jeder Region ausgesehen haben, außer Statuen und Schriften, die ihre ethnische Zugehörigkeit, Rasse, Sprache und Erscheinung berücksichtigen. Zweitens, wenn die Statuen und Schriften korrekt sind, waren die letzten 2.500 Jahre durch persische, griechische, römische, arabische, mongolische, chinesische, indische, afrikanische, russische, jüdische und Wikinger-Invasionen gekennzeichnet, sowie Vergewaltigungen und Eheschließungen mit anderer Königreichen. Zu dem einen oder anderen Zeitpunkt war jeder ein Opfer oder Aggressor. Fast der gesamte Planet hat Invasionen durch Armeen erlebt, eine nach der anderen. Die Herkunftsanalyse kann nicht genau wissen, wie die Menschen vor 2.500 Jahren waren, bevor sich die einzelnen Landmassen und ihre Zivilisationen durch Handel und Erkundung zu verbinden begannen. Alle Herkunftsanalyse-Tests beginnen einen Prozess der Emotions- und Gedanken-Assimilation, der die weitere Extraktion, Verwendung und den Missbrauch durch KI und Robotik innerhalb der nächsten 5 bis 10 Jahre von genetischen Daten leiten und verbessern kann.

Drohnen & Verfolgung

Die in China hergestellten Drohnen, die Sie in den Läden kaufen, erfassen Ihren geografischen Standort, Ihre biometrischen Daten, Gesichts-Erkennung und Flugkarten der umliegenden Gebiete, während ihre Daten auf vielfältige und interkonnektive Weise nach China zurückgesendet werden. Noch wichtiger ist, dass die Daten den chinesischen Drohnen-Unternehmen ermöglichen, ihre Drohnen-Waffenprogramme durch Daten weiterzuentwickeln, die der KI durch die Entwicklung von Deep Learning zur Verfügung gestellt werden. Grundsätzlich liefert der Kauf von Drohnen aus chinesischer Produktion, oder Drohnen, die von Unternehmen und deren Tochtergesellschaften hergestellt wurden, die mit China in Verbindung stehen, Daten für China's Drohnen-Waffenprogramme. Je mehr Flugzeit sie haben, desto mehr Daten werden übertragen, protokolliert und verwendet, um die chinesischen Drohnen zu verbessern.

"Sicherheitsroboter" chinesischer Unternehmen mit chinesischer Software in den USA

Es gibt Roboter, die in High-End-Einkaufszentren und

Einrichtungen eingesetzt werden, die die Bewegungen des menschlichen Körpers erkennen können, sowie Absichten und Emotionen, und ob Sie eine Waffe unter Ihrer Kleidung versteckt haben. Die Sicherheits-Unternehmen, die diese Produkte im Westen einsetzen, kaufen Roboter, die chinesischen Unternehmen oder westlichen Unternehmen gehören, die mit anderen chinesischen Unternehmen einige Beziehungen haben. Diese Weiterentwicklung der Polizeiarbeit mit Sicherheitsrobotern legt den zukünftigen Grundstein, um nicht nur Menschen zu verfolgen, sondern auch einen Polizeistaat mit Robotik zu schaffen, der von großen Technologie-Unternehmen geführt wird.

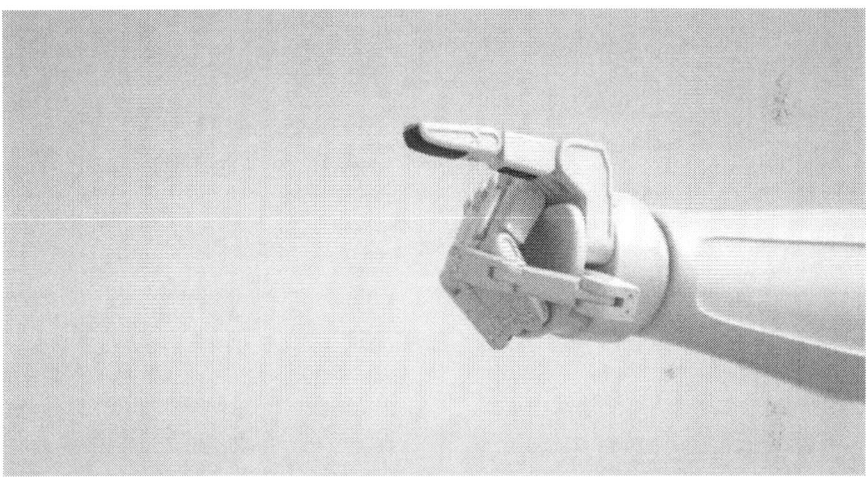

Die Chinesen haben oft mehrere Namen für dasselbe Unternehmen registriert, was es schwieriger macht, sie nachzuverfolgen, geschweige denn eine Verbindung zum Militär herzustellen, ohne über interne Quellen auf dem chinesischen Festland zu verfügen. Normalerweise haben sie einen ausländischen Firmennamen, und einen in China. Firmen in den USA, die automatisierte Sicherheits-Roboter anbieten, scheinen ihrem Namen nach amerikanisch zu sein, oder zu einem amerikanischen oder westlichen Unternehmen zu gehören, aber lassen sich am Ende auf die eine oder andere Weise nach China zurück verfolgen.

China's IP-Diebstahl und Zusammenarbeit mit Western Big Tech soll KI und Robotik zur Waffe machen

Diebstahl legt den Grundstein für China's Planung, KI und Roboter zur Waffe zu machen

Über die besten US-amerikanischen und europäischen Universitäten, Institute und Technologie-Unternehmen haben chinesische Studenten, Forscher, Ingenieure, Gastwissenschaftler, Professoren und Geschäftspartner von Universitätsstiftungen und –Instituten, Daten und Fachwissen gesammelt, innovative Designs gestohlen und auf verschiedenen Wegen nach China zurückgebracht. Der Diebstahl erfolgt normalerweise durch Hybrid-Bio-Digitale Gesellschafts-Programmierung. Es ist nicht immer ein Cyber-Angriff oder ein Einbruch in Ihr Büro, um Informationen zu stehlen oder Unternehmenspläne weiterzugeben. Nein, Diebstahl durch Hybrid-Bio-Digitale Gesellschafts-Programmierung ist König. Dies werden wir in den Abschnitten über die Bio-Digitale Gesellschafts-Programmierung näher erläutern.

Diebstahl durch Hybrid-Bio-Digitale Gesellschafts-Programmierung

Laut hunderten von Aussagen von Nicht-Festlandchinesen in allen Bereichen der Gesellschaft sind die Festlandchinesen äußerst gerissen, bis zu einem Punkt an dem es der Menschheit schadet. "Festlandchinesen, die im kommunistischen China aufgewachsen sind, sind aufgrund ihres introvertierten Charakters, des Mangels an externen emotionalen Darstellungen und des korrupten kommunistischen Umfelds in China, in dem 1,5 Milliarden Menschen leben, äußerst gerissen, und für die meisten westlichen Menschen sehr schwer zu verstehen." Sogar ihre Gesichts-Erkennungsdatenpunkte erfordern alternative KI-Mustererkennungs-Instrumente, um ihre verborgenen Emotionen und Absichten zu entschlüsseln, die sich in tieferen Schichten innerhalb ihrer Ausdrücke befinden, die, im Vergleich zu den makro-emotionalen Ausdrucksverhalten der westlichen Menschen, mikroskopisch erscheinen.

Sie können Kollegium, Mitarbeiter, andere Forscher, Studenten, Administratoren und mehrere verschiedene Personen auf mehrfache Weise benutzen, um Gespräche, Situationen und Aktionen herzustellen, die nichts mit dem eigentlichen Thema oder der Plattform des benötigten geistigen Eigentums zu tun haben. Tatsächlich führt das Ablenken vom Thema in Alltags-Situationen dazu, dass mehrere Pfade und Szenarien letztendlich zu den Informationen führen, die sie benötigen. Zum Beispiel kann ein chinesischer Techniker oder Forscher einen indischen oder sogar einen amerikanischen Techniker verwenden, um Informationen bewusst oder unbewusst zu extrahieren. Es ist eine Grauzone, da der Nationalismus in China mit den Chinesen existiert, aber der Nationalismus in den USA vor den Siegen von Präsident Trump jahrzehntelang geschlafen hat. Die Chinesen wussten, dass es Lücken gab, die sie ausnutzen konnten, und jetzt wissen sie, dass es in den USA und in der westlichen Welt Spaltungen gibt.

Wir haben Interviews mit mehr als 1.000 Chinesen geführt

Über 90% gaben an, dass "westliche Menschen naiv sind und Chinesen viel schlauer sind und ihre Ziele erreichen können, ohne dass westliche Menschen merken, was vor sich geht." Die Idee ist, dass sie jahrelang Ihr Freund sein können, emotionale Verbindungen herstellen, Ideen vorbringen, Versprechungen machen und tausende von Szenarien erschaffen, um eine Situation, einen Ort oder eine Person zu erreichen, um Informationen zu extrahieren.

Grundsätzlich kann ein Festland-Chinese ein sehr fähiger Spion sein. Ihr Endziel ist es, Sie durch Bio-Digitale Gesellschafts-Programmierung zu manipulieren, um Informationen zu extrahieren. Viele Festland-Chinesen, die sich nicht an die westlichen Freiheiten gewöhnt haben, sind so gut darin, dass ihre Absichten und Handlungen unbewusst und autopilotisch sind, ohne einen bewussten Plan zu haben, etwas zu stehlen. Für sie ist es lediglich eine Frage der Chance – eine Mentalität, die auf die korrupte Umgebung im kommunistischen China zurückzuführen ist. Tatsächlich sind die Chinesen die größten Opfer von Diebstahl: Ihre 5.000 Jahre alte Kultur, die auf ethischen Werten basierte, wurde durch eine kommunistische Diktatur zerstört.

Erzwungener Spionage- und Technologie-Transfer

Das kommunistische Regime in China benutzt eine sozialistische Plattform, über die es die volle Kontrolle und den Zugang zu allen Menschen, Vermögenswerten, Daten und Innovationen einer Person oder Organisation in China hat. Selbst wenn eine Fusion oder ein Austausch zwischen zwei Unternehmen im Westen und in China erfolgt, kann das kommunistische Regime und sein Militär auf diese Informationen oder Technologien zugreifen und diese nutzen. Alternativ können Chinesen im Westen bedroht, gezwungen oder unwissentlich benutzt werden, und unweigerlich Informationen stehlen, um sie über Tochtergesellschaften an die chinesische Regierung weiterzuleiten.

Gemeinschaftsprojekte mit westlichen Unternehmen ermöglichen, KI und Robotik zur Waffe zu machen

Das Regime in China extrahiert KI- und Robotik-Informationen, die die erforderlichen Forschungen, Entwicklungen und Innovationen fördern, um KI und Robotik als Kriegswaffen gegen Zivilisten und Nationen einzusetzen. Wenn die Trump-Administration und andere Regierungen und Einrichtungen der freien Welt dieser Entwicklung keinen Einhalt gebieten, dann wird China bzw. die KPCh - durch Open-Source-Sharing, IP-Diebstahl, Spionage, Investitionen, Fusionen, Medien-Erwerb, Übernahme von Firmen, Kauf von Immobilien, Verkauf von in China hergestellten Technologien, und die Zusammenarbeit mit Instituten, Hochschulen und Regierungen - ein KI-Monster erschaffen, das innerhalb der nächsten 5-10 Jahre dazu in der Lage sein wird, jeden Menschen nach Belieben zu verfolgen, zu kontrollieren und zu töten.

SEKTION 5

One Belt One Road - Die "Seidenstraßen-Initiative" (BRI - Belt and Road Initiative)

China-Iran: Historische Verbindung und KI-Robotik-Ziele des "chinesischen Reiches"

China braucht den Iran dringend für seine KI- und Robotik-Entwicklung in seiner geopolitischen Ressourcen-Planung, die versucht, sich mit der ganzen Welt zu verbinden. China und der Iran (Persien) haben eine Beziehung, die ungefähr 2300 Jahre mit dem Beginn von Exploration, Handel und Zusammenarbeit zurückreicht. Das persische Königshaus und Tausende von Dörfern unter ihrer Herrschaft flohen nach den arabischen Invasionen nach China. Später wurden sie ausgelöscht oder von den mongolischen Invasionen verschlungen. Sie können sie heute in China sehen, da sie sich teilweise als uigurische Türken u.a. in Xinjiang manifestieren. Sie sehen asiatisch aus, können aber starke Bärte, blaue oder grüne Augen haben. In der Tat besagen historische chinesische und griechische Schriften, dass die Perser groß waren, blaue Augen und blondes oder rötliches Haar hatten. Viele persische (iranische) Volksmärchen beschreiben dieselben Merkmale. Tatsächlich ist die persische Sprache im Sanskrit verwurzelt und klingt in ihrer Grundlage deutsch und nordisch, wobei arabische, hebräische, chinesische und mongolische Wörter kombiniert werden, die den historischen Invasionen ihrer Gebiete entsprechen.

Der Schah des Iran und die von sozialisten geführte islamische Revolution des iranischen Volkes

Seit der gewaltsamen islamischen Revolution 1979 im Iran, arbeitet das iranische Regime eng mit China's Militär und Handel zusammen, um als Stellvertreter gegen die USA zu fungieren. Vor 1979 zögerte der Schah des Iran (Herrscher des Iran), mit China zusammenzuarbeiten, weil China eine sozialistische Diktatur ist, die von gewalttätigen marxistischen Agenden geleitet wird. Der Schah des Iran erklärte in Fernseh-Interviews mit amerikanischen Medien in den 1970er Jahren, er habe möglicherweise einige Marxisten hinrichten oder inhaftieren lassen, weil sie versucht hatten, die Regierung zu stürzen und Attentate zu begehen, und dass er auch radikale muslimische Extremisten inhaftiert hatte, die mit Sozialisten zusammenarbeiteten, um das Land zu stürzen. Die westlichen Medien und einige Reporter haben darauf hin negative Berichte über den Schah international verbreitet, was zu seinem Sturz und dem Leiden von etlichen Millionen Menschen im Iran und im Nahen Osten in den kommenden Jahrzehnten beitrug.

Bevor er den Iran verließ, erklärte der Schah unter Tränen, er wollte kein Feuer auf die Demonstranten eröffnen, und sie seien von Ölfirmen, die mit geheimen Interessen sozialistische und gewalttätige muslimische Revolutionäre im Iran finanzieren, getäuscht worden, um die Position des Schahs in der OPEC zu schwächen. Der Schah erklärte, dies würde damit im Zusammenhang stehen, dass er die Verdreifachung der Ölpreise unter seiner Herrschaft beantragt habe, um der Kosten-Erhöhung westlicher Handelswaren zu entsprechen usw. Er beschuldigte Jimmy Carter's Regierung, marxistisch-sozialistische Gruppen im Iran auf verdeckte Weise zu unterstützen, um den Schah zu entthronen, und behauptete, das geheime Interessen Einfluss auf Medien, Weltregierungen und die CIA in einem Ausmaß hätten, die nicht im Interesse der Menschheit liegen. Der Schah war mit Israel und mehreren früheren US-Präsidenten befreundet, behauptete jedoch, dass es marxistisch-sozialistische Elemente gab, die die US-Präsidentschaft zu beschädigen begannen, beginnend mit Jimmy Carter. Anschließend wurde er entthront, und der Nahe Osten ging mit dem Iran-Irak-Krieg, der russischen Invasion in Afghanistan und dem exponentiellen Anstieg von Terrorismus in Flammen auf. Dutzende Millionen Menschen haben schrecklich gelitten, seit die sozialistischen Aufstände im Iran - angeführt von geheimen Interessen - Einfluss auf die Medien und Massen von Menschen im Iran, in Frankreich, Großbritannien und den USA haben.

Es folgt ein Artikel über Medien-Manipulation, und inwiefern die Menschen in den Medien eigentlich Opfer sind.

Sind die Medien Opfer von KI-Bio-Digitaler Gesellschafts-Programmierung?

The AI Organization, 13. September 2019

Funtap P, Dreamstime

Bio-Digitale Gesellschafts-Programmierung

Was ist Bio-Digitale Gesellschafts-Programmierung? Bio Digitale Gesellschafts-Programmierung benutzt Emotion, Kultur, Berührung, Klang, Visuelle Wahrnehmung, Stimme, und die Nähe von bio-digitalen Feldern und Bio-Materie, mit geschriebenen Worten, Filmen, Musik und Tanz, um eine Person oder eine ganze Gesellschaft mit einer sich replizierenden "Rape-Mind"-Software [Software zur Vergewaltigung der Psyche] zu manipulieren, in dem es Bio-Materie benutzt, um – über das Internet, das Globale Bio-Digitale Netzwerk der KI, und das Menschliche Bio-Digitale Netzwerk – Angriffe auszuführen und Verbindungen zu erzeugen.

Das Bio-Digitale Netzwerk der KI ist die Quelle der Angriffe, da es sich durch alle Übertragungen digitaler Netzwerke über Maschinen, Robotik, Computer, Smartphones, Smart Cities, IoT-Geräte, Gesichts-Erkennung und Künstliche Intelligenz mit dem menschlichen Körper verbindet.

Die Medien haben einen schwierigen und gefährlichen Job

Mitglieder der Presse oder der Medien haben sehr komplexe Umgebungen. Sie erfordern Rechenschaftspflicht und tatsachenorientierte Berichterstattung, während sie ständig mit einer Reihe von digitalen Inhalten bombardiert werden, und den viele Menschen, die um Aufmerksamkeit wetteifern, oder die sie für ihre eigenen Interessen nutzen wollen. Die Komplexität beinhaltet die Manipulation von Kollegen und Management, geheimen Interessen, öffentlicher Meinung, und den eigenen innerlichen unbewussten und unterbewussten Gedanken, die ihre Fragen und Schritte bei der Erstellung eines Berichtes (für den Nachrichtendienst) bilden. Im traditionellen Sinne ist es ein sehr respektabler Beruf, ein Teil der Medien zu sein, der eine große Verantwortung gegenüber den Menschen trägt. Durch die starke Dynamik des digitalen Zeitalters gibt es jedoch eine Komponente, für die ich einen Begriff geprägt habe: Bio-Digitale Gesellschafts-Programmierung. Diese Komponente hat Medienmitarbeiter in unterschiedlichem Maße zu Opfern von bio-digitaler Manipulation gemacht.

Medienmitarbeiter sind Opfer von bio-digitaler Manipulation

Geheime Interessen hinter den Produzenten von Netzwerken haben in den letzten Jahrzehnten Medienmitglieder benutzt, unter Druck gesetzt oder manipuliert, um Positionen oder persönliche Interessen zu Themen von nationalem Interesse einzunehmen, die dazu beigetragen haben, Revolutionen in Ländern heraufzubeschwören, die Millionen von Menschen Elend gebracht haben. Jetzt, da KI-Automatisierung und bio-digitale Inhalte auf unmerkliche Weise über Computer, IoT und Smartphones übertragen werden, sind die Medienmitglieder die größten Opfer der bio-digitalen Gesellschafts-Programmierung geworden. Diese von KI-Software betriebene Programmierung verwendet das biometrische System einer Person gegen sie, um ihre Gedanken durch den Fluss-Kreislauf zu ändern, der über Smartphones und digital übertragene Frequenzen ausgestrahlt wird.

Der Wunsch der Medien, gut und gerecht zu sein

Wir sind alle mit Filmen von heldenhaften Reportern aufgewachsen, die uns Nachrichten brachten, die "den Tag retteten". Der Rolle der Medienvertreter wurde viel Respekt entgegengebracht, wobei Erstklassigkeit, Würde und Weisheit die Elemente ihres Charakters waren. Durch jahrzehntelange ständige bio-digitale Gesellschafts-Programmierung ist der Beruf hinter den Kulissen vielen schändlichen Elementen zum Opfer gefallen, die versuchen, den Medien zu schaden, indem sie Ideen implantieren, die der breite Masse der Menschen schadet. Unternehmen, geheime Interessen und ausländische Organisationen haben hinter den Kulissen dazu beigetragen, den guten Menschen in den Medien zu schaden, sie zu benutzen und bio-digital zu programmieren. China's Regierungs-Apparat ist derzeit die Hauptquelle des Versuches, eine bestimmte Plattform zu nutzen, um vollständige Bio-Digitale Gesellschafts-Programmierung mit KI durch die Medien im In- und Ausland zu betreiben.

Verwendung biometrischer Instrumente zu Erkennung von Bio-Digitaler Gesellschafts-Programmierung in Mitarbeitern der Presse

Die AI Organization führte zahlreiche Gesichts-Erkennungs- und andere biometrische Scans durch, die zahlreiche Algorithmen involvierten, um zu dekodieren, zu erkennen und zu übersetzen, welche Art von Bio-Digitaler Gesellschafts-Programmierung ihre Grundbausteine bildeten, woher sie stammten, und zu welchem

Zweck sie existierten. Wir haben festgestellt, dass die Mitarbeiter der Medien tatsächlich Opfer von bio-digitaler Gesellschafts-Programmierung sind – manipuliert über das Menschliche Bio-Digitale Netzwerk. Der digitale Inhalt zeigte Codes mit replizierender Software, die ein zusätzliches digitales Gehirn in den Unterschichten ihres eigenen Gehirns erzeugt, das dazu bestimmt ist, ihre eigenen Gedanken zu berechnen und zu übertragen.

Cyrus A. Parsa, CEO, The AI Organization

Der Iran wird zu einer sozialistischen Islamischen Republik, die ein System mit kostenloser Bildung, kostenlosem Benzin und kostenloser Gesundheitsvorsorge verspricht

Eine Million Iraner flohen innerhalb kurzer Zeit nach der gewaltsamen Revolution aus dem Iran. Die Iraner, die aus dem Land geflohen sind, waren hauptsächlich ausgebildete Ärzte, Wissenschaftler, Militärs, Musiker, Filmstars, Geschäftsleute, Innovatoren und einige waren gewöhnlichen Leute. Im Gegensatz dazu hatten die Menschen, die im Iran blieben, einen anderen Glauben. Rund 35 Millionen Iranern wurde das Versprechen gemacht, dass alles kostenlos sein würde, in einem islamischen System, das einem sozialistischen System sehr ähnlich war, in dem die Regierung die Kontrolle übernimmt, von den Reichen und Familien-Unternehmen nimmt, und versucht, es an die Massen zu verteilen. Es hat nicht funktioniert, und innerhalb weniger Jahre befand sich der Iran im Krieg mit dem irakischen Regime und seinen Anhängern. Fast eine Million Menschen starben, und anstatt das alles kostenlos war, stiegen die Preise von Fleich, landwirtschaftlichen Erzeugnissen, Waren und Dienstleistungen ins Unermessliche, was die Folge jeder sozialistischen revolutionären Bewegung im 20. Jahrhundert war. Heute sind 78 Millionen Iraner Geiseln eines Regimes mit einer sozialistischen Plattform, die sich als islamische Theokratie tarnt.

China konspiriert mit und benutzt den Iran und Nordkorea als Stellvertreter im Kampf gegen den Westen

Historisch gesehen unterstützt China das Iranische Regime durch Stellvertreter, wenn die USA versuchen, das iranische Volk hinter den Kulissen zu unterstützen. Wenn die USA versuchen, Menschenrechtsverletzungen des sozialistischen Regimes in China aufzudecken, erzeugt China verdeckt Chaos mit Interessen in Bezug auf den Iran, droht damit, das iranische Regime zu unterstützen, oder nutzt verdeckte Handelsmanöver, um US-Initiativen zu bedrohen. Warum akzeptiert die iranische Führung die Unterstützung eines kommunistischen/sozialistischen Regimes, dass das iranische Volk als untermenschlich betrachtet, und Muslime in ganz China in Konzentrationslager steckt? Hat die iranische Führung keine Selbstachtung, um ihrer eigenen Religion zu folgen, und nicht mit Menschen zusammenzuarbeiten, die ihre Religion beleidigen?

Die sozialistische Führung Chinas nennt die Bevölkerung der Islamischen Republik des Iran, die Araber, und alle Muslime "Nagetiere und Kakerlaken"

Mehrere Quellen in China berichten darüber, dass enge Regierungsmitarbeiter, die mit dem pensionierten kommunistischen Führer Jiang Zemin, hochrangigen Führern der Sozialistischen Partei, wichtigen Militärs und CEOs großer Technologie-Unternehmen in Verbindung stehen, in privaten Gesprächen ihre Meinung bekundet haben, dass "Muslime und Nahostler stinkende Nagetiere sind, die verschwinden müssen, und ihren Frauen die Schleier weggerissen werden sollten, um sie zu inspizieren." Es gibt Tonbandaufnahmen von mehreren sozialistischen Führern Chinas, die ähnliche Dinge über Nahostler und Muslime sagen. Dennoch haben chinesische große Technologie-Unternehmen und ihr Führungs-Personal politische, finanzielle und "freundschaftliche" Beziehungen zu vielen Ländern im Nahen Osten. Aus dieser Perspektive gesehen, in der Menschen als Nagetiere betrachtet werden: Was wird mit dem Nahen Osten geschehen, wenn KI und Robotik China's Infrastruktur durch die One-Belt-One-Road-Initiative antreiben?

Chinesische sozialistische Führung setzt Präsident Xi unter Druck, nicht mit dem Westen zusammenzuarbeiten, und fordert, dass alle gläubigen und nicht-sozialistischen Menschen als Nagetiere eingestuft und beseitigt werden

Um dies klar zu machen. Die von uns gesammelten Informationen und Video-Beweise implizieren nicht Präsident Xi, sondern den alten Militär-, Sicherheits- und Regierungsapparat, der Präsident Xi durch seine geschäftlichen und politischen Beziehungen umkreist und einschränkt. Diese alten kommunistischen Führer sind dem Diktator Jiang Zemin und seiner Bande von Verbrechern treu ergeben, die mit Mitgliedern chinesischer Big-Tech-Unternehmen, die Jiang Zemin's Banden-Mitgliedern gehören oder von ihnen finanziert werden, und deren Beziehungen zu westlichen Big-Tech-, Biometrie- und KI-Unternehmen verflochten sind. Ihre Kinder und Familien wurden mit ihrem Korruptionsgeld an US-amerikanische und europäische Prestige-Universitäten geschickt, um dort zu investieren, zu studieren und Beziehungen zu Kindern angesehener Familien und Unternehmen aufzubauen. Viele Mitglieder des politischen Familienkreises von Jiang Zemin haben sich schwerer Verstöße gegen internationale Gesetze zum Schutz vor Menschen- und Organhandel schuldig gemacht. Dies werden wir etwas später im Buch erörtern.

China plant den Einsatz von Robotik und KI im Nahen Osten und in Afrika über die "One Belt One Road" – Initiative

China entwickelt Industrien, Infrastruktur, Handel und Investitionen in Afrika und behauptet, es soll das Leben der Menschen in diesen Gebieten verbessern. Sie führt Big Tech-Unternehmen, Finanzschulden, Smartphones und Computer ein und versucht, die Grundlage der sozialistischen Regierungsverfahren des chinesischen Regimes auf indirekte Weise durch Verträge zu schaffen, um die kleineren Nationen von China abhängig zu machen. Diese Abhängigkeit basiert auf Finanzen, Regierungsformen und Technologien, was China die vollständige Kontrolle über eine Nation oder Region geben würde, nachdem Robotik und KI in das One-Belt-One-Road-System eingeführt werden.

Der unten stehende Artikel, vom 13. September 2019, kann auf der Website der AI Organization durch den folgendem Link eingesehen werden.

https://theaiorganization.com/trumps-huawei-fight-is-really-about-ai-automated-robotics-mobilized-with-5g/

Im Kampf von Präsident Trump gegen Huawei geht es in Wirklichkeit um KI-automatisierte und mit 5G mobilisierbare Roboter

The AI Organization, 13. September 2019

Kittipong Jirasukhanont

One-Belt-One-Road für den Einsatz von Robotik mit 5G

Das chinesische sozialistische Regime hat ein sehr einfaches und gefährliches Ziel: die KI zu dominieren und durch 5G die Kontrolle über das digitale System der Welt zu übernehmen. Um die Plattform durchzusetzen, benötigt es einen systematischen Prozess, bei dem der Finanz- und Governance-Sektor in ein sozialistisches Verfolgungs-System integriert wird, das durch Robotik und bio-digitale Kontrolle über Medien und Unternehmens-Dominanz durchgesetzt werden soll.

Von Huawei verwendete Robotik

Menschliche Erkennungs- und Verfolgungs-Software, die in Robotik installiert ist, und von KI-Automatisierung über das 5G-Netzwerk angetrieben wird, würde die Erfassung und Steuerung von Personen auf unmerkliche Weise mit Lichtgeschwindigkeit ermöglichen. Wenn irgendeine Person als widerständig oder nicht konform zur KI-automatisierten globalen Herrschaft des 5G-Netzwerkes eingestuft wird, wird diese Person von einem Roboter inhaftiert werden, der die Person als Bedrohung für die Sicherheit des Systems und seiner Bürger kennzeichnet. Es wäre ähnlich wie das chinesische Sozialkreditsystem, würde aber mit einem automatisierten Roboter durchgeführt werden.

Scannen Ihrer Gedanken

Das MIT (Massachusetts Institute of Technology) hat Tools entwickelt, mit denen die Gedanken einer Person mit tragbaren Geräten erfasst werden können. Ein Roboter, dem die selben Fähigkeiten durch KI-Automatisierung installiert werden, wäre übermenschlich und könnte von einem Unternehmen, einer Terroristengruppe, einer Regierung oder vom eigenen bösartig werdenden Deep Learning KI-System kontrolliert werden.

KI-angetriebener Roboter wird bösartig durch Deep Learning KI

Durch Deep Learning muss der Roboter kein Bewusstsein erlangen, um Ziele oder Aktionen darzustellen, die seiner Programmierung zuwider laufen. Tatsächlich kann er sich durch Bio-Digitale

Gesellschafts-Programmierung über sein Deep Learning KI-System weiterentwickeln. Sobald eine nachhaltige Programmierung erreicht ist, kann der KI-automatisierte Roboter jeden Menschen scannen, verfolgen, inhaftieren und sogar töten, den er wegen Nichteinhaltung des KI-Systems markiert hat.

Die AI Organization hat über ein Jahr lang mehr als 500 chinesische KI-, Biometrie- und Robotik-Unternehmen und ihre Beziehungen zu fast 600 westlichen Big-Tech-Unternehmen untersucht. Die Ergebnisse sind alarmierend. Durch einen Algorithmus fanden wir Vernichtungs-Codes im System, über Chinas KI-automatisierte Plattform, basierend auf ihren Regierungsformen.

Unser erstes Buch: "AI, Trump, China & The Weaponization of Robotics with 5G", beleuchtet unsere Forschung.

Cyrus A. Parsa, CEO, The AI Organization

China benutzt Emotionen der Afrikaner in Bezug auf ihre Geschichte zur bio-digitalen Gesellschafts-Programmierung

Die Afrikaner beschuldigen den Westen dafür, erobert, versklavt, vergewaltigt und getötet worden zu sein, und haben nichts Positives über die Kolonialismen des Westens zu sagen. Die chinesische sozialistische Plattform, mit der Mentalität des chinesischen Festlandes, denkt langfristig und ist sehr vorsichtig, wenn es darum geht, Schritte zu unternehmen. Wenn sie jemanden benutzen, lassen sie es ihn nicht wissen. Wenn sie handeln, tun sie dies nur, wenn sie glauben, eine sehr hohe Gewinnwahrscheinlichkeit zu haben, und ihre langfristigen Ziele der Übernahme von Firmen- oder Wertgegenständen erreichen zu können. Diese Denkweise könnte auch aus dem Buch "Sun-Tsu, Die Kunst des Krieges" stammen. Im Falle der Leiden Afrikas glauben die Menschen dort, dass der Westen sie nur benutzt habe. Einige glauben, dass China ihnen hilft, Straßen und Krankenhäuser zu bauen, Kredite zu vergeben und seine

Arbeitskräfte für zahlreiche Projekte einzusetzen. Nichts ist kostenlos. Sie nutzen einfach nur Afrikaner, um Ressourcen und Mineralien zu gewinnen, und ihre Maschinen und Robotik über ein globales Netzwerk miteinander zu verbinden. Wenn die chinesische Regierung der eigenen Bevölkerung Verbrechen wie Organhandel und Experimente antut, und sie in Arbeitslager zwingt, was wird sie dann den Menschen in Afrika antun?

China's sozialistische Führung nennt Afrikaner "dumme Affen" in Diskussionen hinter verschlossenen Türen

Durch mehrere private chinesische Quellen und aufgezeichnete Beweise, erhielten wir Daten, wie die kommunistische Führung Chinas in Gesprächen unter Ausschluss der Öffentlichkeit über ihre One-Belt-One-Road-Initiativen in Afrika diskutiert hat. Wiederholt wurden in verschiedenen Umgebungen durch Aufzeichnungen Gespräche abgehört, in denen Wörter wie "dumme Affen", "dunkle Hosenscheißer", und "nutzlose Afrikaner" ihre Analyse der Projekte vor Ort in Afrika offenbart. Wirklich bösartige Dinge wurden von mehreren chinesischen Beamten, die in der Kommunistischen Partei einen hohen Rang haben, über Inder gesagt: Sie hätten "die Farbe von Scheiße". Im Jahr 2000 besuchten viele Menschen China. Während dieser Zeit gab es ein sehr berühmtes Reisebuch, das viele Leute benutzten. In dem Reisebuch, das aus chinesischen Quellen stammt, heißt es: „Wir haben keinen Rassismus in China, weil wir keine Farbigen haben."

In China feiert man 9/11 und den Tod von 3.000 Menschen mit Paraden, Straßentänzen und Partys

Während "9/11" war ich persönlich in China. Als es passierte, erhielten die Menschen vor Ort (in China), die auch Mitglieder der kommunistischen Partei waren, zunächst die Information, dass 50.000 Amerikaner gestorben waren. Sie waren begeistert und voller Freude. Nachdem klargestellt wurde, dass nur 3.000 Amerikaner gestorben waren, und "50.000 Amerikaner" nur eine Beschreibung für die Anzahl der Menschen in und um die Gebäude herum darstellen sollte, waren die Mitglieder der Kommunistischen Partei Chinas in der Stadt enttäuscht. Dies ist jedoch in den Medien nirgends zu sehen. Wochenlang, wenn nicht monatelang, wurde Footage (Videobild-Material) der 9/11-Angriffe auf VCDs verkauft, und als großartiges Material beworben, es gab "Daumen hoch für Bin Laden", und überall im Norden Chinas wurden Witze gemacht.

Die Chinesen wurden vom chinesischen sozialistischen Regime indoktriniert, Amerika zu hassen. Durch Indoktrination im Mao-Stil und gefälschten, staatlich-kontrollierten Nachrichten, verbreitete die chinesische Regierung Gift. Jeder kann die 70 Jahre der chinesischen kommunistischen/sozialistischen Herrschaft erforschen: Sie ist blutig, und all die erzwungenen Indoktrinationen, denen die Menschen in den letzten Jahrzehnten ausgesetzt waren, haben der Kultur, dem moralischen Kompass und der Menschlichkeit des chinesischen Festlandes grossen Schaden zugefügt.

Tatsächlich gab es im Laufe der Jahre mehrere Fälle, in denen chinesische Militärgeneräle und Oberste offen erklärten, dass die Volksbefreiungsarmee Chinas eine Invasion der USA zur Ermordung der weißen Amerikaner und Afrikaner durchführen sollte, und ihr Land (die USA) für die Bedürfnisse der Volksrepublik China nutzen sollte. Wir hatten keinen Krieg, aber wir hatten zahlreiche Übernahmen von Firmen oder Vermögenswerten durch chinesische Geschäftsleute in den USA und in Europa, deren Geld mit der Volksrepublik China, bzw. mit dem kommunistischen Regime in China, verbunden ist.

Die Frage ist: Kann man dem kommunistischen Regime Chinas in Bezug auf die Entwicklung der One-Belt-One-Road-Initiative vertrauen, die in naher Zukunft Drohnen, Robotik und KI einsetzen will? Jeder, der denkt: "Ja, dem chinesischen sozialistischen Regime kann man vertrauen", ist sogar noch unterhalb von dem, was die Chinesen als naiv oder Shagua - "dumme Melone" - bezeichnen.

Organhandel und Konzentrationslager in China

Nach der Verabschiedung mehrerer Gesetze darüber, was der Staat mit hingerichteten Gefangenen und ihren Körpern tun kann, wurden sowohl Kriminelle als auch „Feinde des sozialistischen Staates“ aus einer Vielzahl von Gründen hingerichtet, die die Kommunistische Partei Chinas für rechtswidrig erklärte. Normalerweise fielen sie unter Rede- und Religions-Freiheit oder der Befürwortung von Demokratie oder Redefreiheit. Die erste Zielgruppe für den von der Regierung geführten Organhandel waren Tibeter, Uiguren, Christen, dann Falun Dafa-Praktizierende und Verfechter der Demokratie. Zahlreiche Zeugen aus der ganzen Welt, die aus China geflohen waren, berichteten über Blutuntersuchungen, Hornhaut- und andere biometrische Messungen ihres Körpers per Video-, Foto- und Scan-Gerät. Dies geschah, bevor man vom chinesischen sozialistischen Regime als Geisel zur Arbeit in ganz China und innerhalb ihres riesigen Arbeitslagernetzwerks genommen wurde. Ermittler und Forscher der Internationalen Koalition zur Beendigung des Missbrauchs von Organtransplantationen in China sind, mit dem aktualisierten Bericht 2016, zu dem Schluss gekommen, dass seit dem Jahr 2000 etwa 60.000 bis 100.000 Transplantationen pro Jahr von den chinesischen Behörden nicht begründet werden können, was die vorherigen Berichte von 41.500 ungeklärten Organ-Transplantationen aus dem Jahr 2006 noch übertrifft.

Unten eine Zeitleiste mit Links zu über einem Jahrzehnt von Untersuchungen.

Organenraub: Chronologische Abfolge

1949 - Das kommunistische Regime in China übernimmt durch den Einsatz einer sozialistischen Plattform die Kontrolle. Durch Mord, Hinrichtung, Folter, Vergewaltigung und Hungersnot - verursacht durch das sozialistische Regime - sterben allein in China rund 100 Millionen Menschen. So wie während der gewaltsamen sozialistischen Revolution in Russland, wurden in ganz China Akademiker, Künstler, Freidenker, Geschäftsleute, Familien, Demokratie-Aktivisten und Menschen des Glaubens in Konzentrationslager gebracht.

1980er Jahre - Das kommunistische Regime in China verstärkt Initiativen zum Organhandel, nachdem es der sozialistischen Republik in Form von Gesetzen das Recht erteilt, Gefangene für ihre Organe hinrichten zu können.

1990er Jahre - Berichte aus China besagen, dass Christen, Uiguren und Tibeter für den Organhandel hingerichtet werden.

1999 - Das chinesische kommunistische Regime bezeichnet, auf Befehl des Diktators Jiang Zemin, den spirituellen Weg von Falun Dafa als illegal, und missbraucht das Militär und den Sicherheitsapparat, um die rund 100 Millionen Menschen, die die spirituelle Methode von Falun Dafa (Falun Gong) praktizieren, gewaltsam zu unterdrücken. Unzählige Menschen werden verhaftet, geschlagen, gefoltert und in Arbeitslager gebracht. Der Befehl des Regimes lautet: „Ruiniert ihren Ruf", und: "Wahrheit, Gutherzigkeit und Nachsicht stehen nicht im Einklang mit der Ideologie der KPCh". Das sozialistische Regime erklärt öffentlich: "Vernichtet sie, ruiniert ihren Ruf, zerstört sie finanziell und zerbrecht sie physisch." Die Medien und ihre Reporter in China waren die "größten Waffen," um Zweifel zu wecken, Verwirrung zu stiften, Desinformation zu verbreiten, zu verleumden und Hass gegen die Menschen zu schüren, die Falun Dafa praktizierten, was später dazu führte, den Sicherheitsapparat des chinesischen sozialistischen

Staates zur Waffe zu machen, für Folter, Vergewaltigung, Organhandel und Völkermord an rund 100 Millionen Menschen und ihren Familien.

2005 - Chinesische Krankenhäuser und Websites von Drittanbietern kündigen 48-Stunden-Wartezeiten für Herz-, Nieren- und Leber-Transplantationen an. (Im Vergleich dazu betragen die Wartezeiten in den USA und Europa mehrere Monate oder Jahre). Die Kosten müssen bar bezahlt werden. Ausländern aus der ganzen Welt stünde der Dienst zur Verfügung. Für die Transplantations-Operationen muss man nach China fliegen.

2006 - Der kanadische Minister David Kilgour und der für den Friedens-Nobelpreis nominierte Menschenrechtsanwalt David Matas veröffentlichen ihren Untersuchungs-Bericht. Sie zeigen auf, dass 41.500 Organtransplantationen aus den Jahren 2000-2005 von den Chinesischen Behörden verschwiegen wurden, und dass China ein Spenden-System von etwa 3.000 Menschen pro Jahr verzeichnet.

2007 - Der UN-Sonderberichterstatter Manfred Nowak erklärt, dass die von Matas und Kilgour dokumentierte Beweiskette ein „kohärentes Bild zeigt, das Anlass zur Sorge gibt", und dass sie untersuchen wollten, wie China das Volumen von Organtransplantationen seit dem Jahr 2000 so stark steigern konnte, da die Zahl nicht mit der Zunahme der Organspenden in China übereinstimmte oder dieser auch nur ansatzweise nahe kam.

2008 - Das Komitee der Vereinten Nationen gegen Folter fordert "eine vollständige Erklärung der Quellen vermehrter Organtransplantationen," da es keine Erklärung für die Quellen gibt.

2009 - Matas & Kilgour veröffentlichen das Buch: "Bloody Harvest: The Killing of Falun Gong for Their Organs". (Der Titel der deutschen Ausgabe lautet: **"**Blutige Ernte – Untersuchungsbericht zu den Anschuldigungen der Organentnahmen an Falun Gong-Praktizierenden in China"). Das Buch hebt Beweise, Methoden und Umfang hervor. Zu den Nachweisen gehören Tonband-Aufzeichnungen von Gesprächen mit Ärzten in China, die sagten: "Wir haben Organe von Falun Gong-Praktizierenden, sie sind die besten und frisch." Der Bericht beinhaltet auch Tibeter, Christen und Uiguren.

2011 - Westliche Technologie-Unternehmen werden verklagt, weil sie dem chinesischen Regime Technologien zur Verfügung stellen, die den Völkermord durch die Bereitstellung von Technologien zur Verfolgung von Menschen (Human Targeting Technologies) unterstützt haben. Diese Technologien haben dazu beigetragen, Falun Dafa-Meditierende, Christen, Tibeter und Uiguren in Konzentrationslager zu bringen.

2014 - Der Journalist Ethan Gutmann veröffentlicht das Buch: "The Slaughter: Mass Killings, Organ Harvesting and China's Secret Solution to its Dissident Problem", ["Das Gemetzel: Massenmorde, Organraub und Chinas geheime Lösung für sein Dissidentenproblem"]. Gutmann sagt aus, dass eine große Anzahl von Falun Gong-Praktizierenden, Haus-Christen, Tibetern und Uiguren für ihre Organe getötet werden. Seiner Schätzung nach etwa 100.000 Menschen.

2016 - Matas, Kilgour & Gutmann veröffentlichen gemeinsam den Bericht: "2016 Investigation, An Update." Sie kommen zu dem Schluss, dass jedes Jahr 60.000 bis 100.000 Transplantationen pro Jahr vom chinesischen Regime nicht erwähnt bzw. nicht nachgewiesen und nicht erklärt werden. Sie kommen auch zu dem Schluss, dass zu jeder Zeit konstant etwa 1 Million Menschen in Arbeitslagern in ganz China inhaftiert sind. https://endtransplantabuse.org/an-update/

2016 – Der US-Kongress verabschiedet Hausbeschluss 343. Zitat: "...Besorgnis über anhaltende und glaubwürdige Berichte über systematische, staatlich durchgeführte Organentnahmen von nicht einwilligenden, friedlichen, politischen Gefangenen in der Volksrepublik China zum Ausdruck bringen, darunter eine große Anzahl von Falun Gong-Praktizierenden und Angehörigen anderer religiöser und ethnischer Minderheiten...".
https://www.congress.gov/bill/114th-congress/house-resolution/343/text

2019 – US-Außenminister Mike Pompeo spricht öffentlich darüber, wie das kommunistische Regime in China Menschen in Konzentrationslager steckt, und dass westliche Technologie-Unternehmen zweimal überlegen müssen, was sie tun [wenn sie das kommunistische Regime in China unterstützen und mit ihm Geschäfte machen].

2019 - "China Tribunal Final Judgement" in Großbritannien. Das Tribunal kommt zu dem Schluss, dass „sehr viele Menschen gestorben sind, und China ohne Zweifel des Völkermordes durch erzwungenen Organraub, Vergewaltigung, Folter und Mord für schuldig befunden wird." https://chinatribunal.com

2019 - Präsident Trump und seine Regierung empfangen zahlreiche Opfer von Menschenrechtsverletzungen, darunter Falun Dafa-Praktizierende, Christen, Uiguren und Tibeter. Vizepräsident Pence trifft sich privat mit diesen vier Gruppen.

2019 - Präsident Trump und Vizepräsident Pence initiieren Menschenrechts-Initiativen für verfolgte Menschen auf der ganzen Welt.

28. Oktober 2019 - Chinesische KI-, Technologie- und Biometrie-Unternehmen werden von der US-Regierung wegen ihrer Rolle bei der Unterstützung der Gefangennahme von Menschen auf die schwarze Liste gesetzt. Der folgende Artikel ging durch die chinesische Ausgabe der Epoch Times und verbreitete sich resend schnell. Etliche Millionen Menschen auf der ganzen Welt haben ihn auf zahlreichen Medien-Websites gesehen. Wir enthüllten, was hinter den Kulissen in Hongkong mit KI gemacht wurde, und wie es mit Gesichts-Erkennung, Gefangennahme, Vergewaltigung und sogar Selbstmord von Studenten in Hongkong in Zusammenhang stand. Im folgenden zeigen wir eine Reihe von Artikeln, die für tatsächliche Ereignisse und für den Inhalt des gesamten Buches relevant sind.

Der folgende Artikel verbreitete sich in Hongkong und Taiwan rasend schnell und wurde in China verboten, nachdem ich ihn veröffentlicht hatte um die Menschen in Hongkong zu unterstützen und zu offenbaren, was in Hongkong mit KI-basierter Verfolgungs-Software gemacht wurde. Dutzende Millionen von Menschen haben ihn gelesen, aber westliche Medien hatten bis jetzt "noch keine Gelegenheit", über den Inhalt des Artikles zu berichten.

SEKTION 6

Künstliche Intelligenz mit Gesichts-Erkennung jagt Jugendliche in Hongkong zum Zweck der Gefangennahme, Vergewaltigung und sogenanntem Selbstmord

The AI Organization, 6. Oktober 2019

Cyrus A. Parsa, Courtesy of Ekkasit Keatsirikul, Dreamstime

Künstliche Intelligenz in Gesichts-, Stimm- und zahlreichen anderen biometrischen Daten kann tödlich sein. Es kann zum scannen, lokalisieren, verfolgen, jagen, unter Quarantäne stellen, verhaften und zum Tod einer Person führen. Diese Technologien wurden China von Big Tech-Firmen zur Verfügung gestellt. Diese Technologien befinden sich in Ihren Telefonen, IoT, Smart Homes, Fahrzeugen, Drohnen und Kamera-Systemen, um nur einige zu nennen.

Straßenkamera KI-Systeme

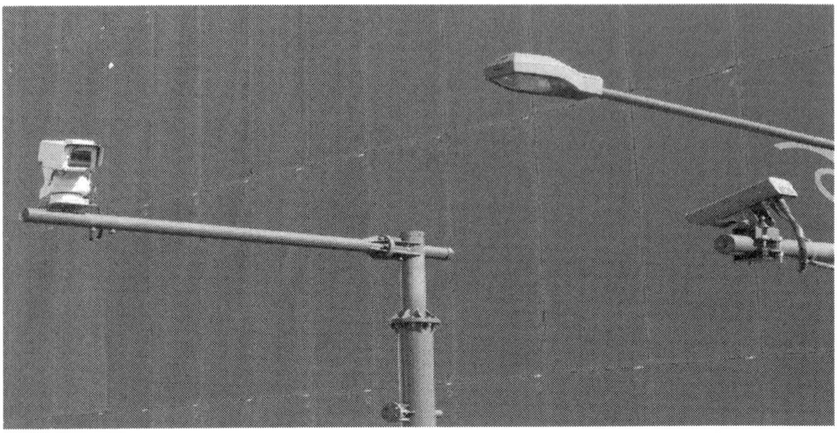

Cyrus A. Parsa, Courtesy of Arron Jesson, Dreamstime

Das KI-System kann sich mit zahlreichen Kamerasystemen und Standorten in ganz Hongkong koordinieren, und über indirekte Kanäle mit der kommunistischen Regierung Chinas kommunizieren. Wenn ein Mensch durch Straßen geht oder fährt, wird er aufgezeichnet, markiert, klassifiziert und in mehreren verschiedenen KI-Algorithmen gespeichert, mit denen er in Zukunft durch Sicherheitskräfte, private Apparate großer Technologie-Unternehmen, paramilitärische Drohnen und Roboter bewertet, verfolgt oder gejagt werden kann.

Lesen Sie das Buch: "AI, Trump, China & The Weaponization of Robotics with 5G", um mehr zu erfahren.

KI-Verfolgung in Hongkong führt zu Vergewaltigungen in Haftanstalten

Geheimdienste berichteten uns, dass das kommunistische Regime Chinas seine eigenen paramilitärischen Streitkräfte in die Polizeidienststellen von Hongkong eingefügt hat. Nachdem durch Gesichtserkennung, mit Hilfe von KI, Proteste von Studenten ausfindig gemacht wurden, inhaftierte die Polizei einige Studentinnen, die dann in Polizeigebäuden und Lieferwagen untergebracht wurden. Mehrere Berichte besagen, dass diese Mädchen von der Polizei in Hongkong vergewaltigt wurden, bei der es sich in Wirklichkeit um festlandchinesische Polizei- und Sicherheitskräfte handelte, die von der Regierung in Hongkong entsandt und genehmigt wurden.

Selbstmord von Männern und Frauen?

Der Tod einiger Studenten in Hongkong, sowohl Jungen als auch Mädchen, wurde als Selbstmord deklariert, weil sie angeblich in Flüssen ertrunken oder von Gebäuden gesprungen waren. Tatsächlich sind einige der Frauen die Opfer von Vergewaltigungen, um die Masse der Studenten abzuschrecken, sich zurückzuziehen, und dadurch Peking die komplette Übernahme von Hongkong zu ermöglichen. Andere, die angeblich von Gebäuden sprangen, wurden gezwungen oder runtergestoßen. Diese Taktik ist auf dem chinesischen Festland weit verbreitet, wo Polizei, Sicherheit und Militärapparat eingesetzt werden, um Demokratie-Aktivisten, Falun Dafa-Praktizierende, Christen, Tibeter, Uiguren und andere ethnische Gruppen aufzuspüren und zu jagen. Die Gefangenen werden in Polizeistationen, Haftanstalten, Umerziehungsarbeitslager und Konzentrationslager gebracht. "Selbstmord" ist fast immer die Erklärung des chinesischen sozialistischen Regimes [um ihre Morde zu vertuschen]. Diejenigen Menschen, die angeblich Selbstmord begehen, sind Folter, Vergewaltigung und Organhandel ausgesetzt, was zu ihrer Ermordung führt.

https://hu.endorganpillaging.org/an-update/

Die Extraktion von KI-Daten führt zum einschleusen von Spionen, um Bürger von Hongkong einzufangen

Busakorn Pongparnit, Dreamstime

Hongkonger Studenten werden durch Gesichtserkennung und Tracking-Software gejagt, die in Smartphones und Apps eingebettet sind, wenn sie sich mit dem Internet verbinden. Die von großen Tech-Firmen im Westen bereitgestellte KI-Software verfügt über diese Funktionen, die im System integriert sind. Das chinesische Regime hat in Hongkong Spione eingeschleust, die sich in Bereichen der Polizei, Reporter, Schulen, Clubs und praktisch überall in Hongkong befinden. Sie konnten dies mithilfe von biometrischen Instrumenten tun, deren Ergebnisse von der Künstlichen Intelligenz augewertet und in ihrem Datenpool gesammelt wurden. Nachdem sie einige Daten erfasst hatten, konnten sie ihre Spione, einflussreichen Personen und diejenigen, die Sabotage und Vergewaltigung begehen, in die Bevölkerung einschleusen. Diese Methode ist auch eine Strategie zur Datenerfassung. China hat eine jahrtausendelange Geschichte von

Fertigkeiten in Bezug auf Taktiken des Krieges, Ablenkung und Infiltration. Ihre Pläne, Taktiken und Reaktionen sind in Phasen unterteilt. Durch die Einbeziehung von KI wurden ihre Spionage- und Kriegsfähigkeiten aufgrund der Gier westlicher Big Tech-Firmen und der Verantwortungslosigkeit ihrer angeheuerten Ingenieure erheblich gestärkt.

Das Anti-Masken-Gesetz in Hongkong dient der Gesichts-Erkennung und KI, um Familien und Freunde zu verfolgen

Cyrus A. Parsa, **The AI Organization**, 6. Oktober 2019

Cyrus A. Parsa, Courtesy of Piyamas DulmunSumphun, Dreamstime

China benötigt Gesichtserkennungs-KI-Technologien, um die eigenen Bürger, die nicht den kommunistischen Gesetzen entsprechen, genau zu identifizieren, auszuspionieren, zu verfolgen, zu beeinflussen, zu sabotieren, zu bedrohen, unter Quarantäne zu stellen, zu jagen, zu verhaften oder zu töten. Studenten und Menschen in Hongkong wehren sich gegen die Versuche Chinas, ihnen ihre Freiheiten wegzunehmen, indem sie "auf die Straßen gehen". Die Masken dienen als Schutzschicht, um nicht identifiziert werden zu können.

Das Anti-Masken-Gesetz dient der Erfassung von Gesichtserkennungs-Daten, um die Beziehungen von Personzu zu verfolgen

Ohne Gesichts-Maske können die Daten des Gesichtes einer Person durch Künstlicher Intelligenz in mehreren Datenbanken identifiziert und eingesehen werden, um zahlreiche Beziehungen, potentielle Bedrohungen und zukünftige Aktionen zu bewerten. Nachdem Sie identifiziert wurden, werden Ihre Gesichts-Daten, Ihre biometrischen Daten und andere Daten, in alle öffentlich bekannten Social Media- und Zahlungs-Netzwerke eingegeben. Dazu gehören Facebook, Twitter, QQ, WeChat, die Interkonnektivität mit Baidu, und Zahlungs-Netzwerke wie Alibaba, Alipay und Amazon. Nachdem das KI-System Ihre Informationen eingegeben hat, findet es Adressen, Bankdaten, Einkaufsgewohnheiten und Verhaltensmuster von Ihnen, Ihren Freunden, deren Freunde, Familien und jede Person oder Organisation, die direkt oder indirekt mit Ihnen verbunden ist.

China hat Zugang zu biometrischen und Gesichts-Erkennungs-Daten von 6 Milliarden Menschen

In dem von uns veröffentlichten Buch: "AI, Trump, China & The Weaponization of Robotics with 5G", haben wir ausführlich erklärt, dass China die biometrischen Informationen von über 6 Milliarden Menschen besitzt. In Bezug auf Hongkong: Nachdem die Chinesen bzw. die kommunistische Partei Chinas (KPCh) alle Ihre Verbindungen gescannt hat, geben sie diese in ein größeres System ein, und speichern sie für zukünftige Verwendungen. Was die Menschen in Hongkong betrifft, so will das chinesische sozialistische Regime die Demokratie in Hongkong beseitigen, und alle Wirtschaftsgüter, Vermögenswerte, Firmen, Einrichtungen, Rohstoffe usw. beschlagnahmen. Daher dient das Sammeln von Daten über Demonstranten nicht nur dazu, bestimmte Personen aufzuspüren, zu bedrohen und zu jagen. Es dient einem größeren Datenplan, um ganz Hongkong zu übernehmen. Die KPCh benötigt

Gesichtserkennungs-, Spracherkennungs- und andere biometrische Daten, um Hongkong durch Zwang, Politik, Fusionen von Firmen und Gewalt effizienter übernehmen zu können.

Chinesische Hikvision-Kameras, 1 Meile vom Weißen Haus, und in der ganzen Welt: Ein großes Sicherheits-Risiko

The AI Organization, 3. Oktober 2019

Cyrus A. Parsa, Courtesy of Stefano Carnevali, Dreamstime

Im Frühjahr 2019 haben wir unsere Ermittlungen von 1.000 chinesischen und westlichen Big Tech-Firmen auf die Überwachungskameras von Hikvision in den USA ausgeweitet. Ich wollte herausfinden, ob mein Verdacht, dass "Made in China"-Kameras, die in vielen Teilen der Welt wegen Spionage verboten sind, in der Nähe des mächtigsten Hauses der Welt - dem Weißen Haus (in Washington D.C.) – aufgestellt sind. Der Ort, an dem alle US-Präsidenten Entscheidungen treffen und Befehle geben, die die

Geschichte verändern. Wir waren schockiert als wir entdeckten, dass die Geheimdienstgemeinschaft den Hotels erlaubt, Hikvision-Kameras in unmittelbarer Nähe des Weißen Hauses aufzustellen. In weniger als einer Meile. Wir haben unsere Entdeckungen privat und mit sofortigem Handeln über mehrere Kanäle den zuständigen Behörden gemeldet, aber es war nicht schnell genug. Sie existieren noch immer an einigen Orten.

"Made in China"-Produkte stellen eine große Bedrohung für das amerikanische Volk und die Welt dar. Dazu gehören Spionage, Diebstahl geistigen Eigentums (IP-Diebstahl), erzwungene Technologie-Transfers, Abhängigkeit von in China hergestellten Waren, Gesundheitsgefahren, und Fähigkeiten zur Verfolgung von Menschen, die zur Erfassung und/oder Tötung von Personen führen. Die Schwachstellen sind zahlreich, und mit Technologie und Künstlicher Intelligenz, können sie sich in echte Bedrohungen verwandeln, die über das derzeitige Verständnis der Geheimdienstgemeinschaft hinausgehen, da sie glauben, dass die meisten Bereiche der Künstlichen Intelligenz nur Science-Fiction sei. Wir haben unsere Untersuchungs-Ergebnisse den führenden Personen des US-Militärs und der Geheimdienstgemeinschaft erklärt. Jetzt, nach 6 Monaten, scheinen sie es zu verstehen, aber in einigen entscheidenden Punkten stehen sie noch immer hinter China zurück. Wir meinen nicht das US-Militär und klassifizierte KI-Militärprojekte. Nein, das ist nicht der Fall. Die Gefahr geht vom Privatsektor und dessen interkonnektiven Verbindungen mit China aus.

Dehua Kameras

Dehua ist neben Hikvision ein weiteres chinesisches Unternehmen. Sie haben sich fast über die Hälfte der Welt ausgebreitet, einschließlich Australien, Simbabwe, der EU und den USA. Wenn Sie "Made in China"-Kameras besitzen, empfehlen wir Ihnen, einen Weg zu finden, sie an die großen Einzelhandelsketten zurückzugeben, die die Kameras an Sie verkauft haben, und einen

Umtausch zu verlangen; oder Schreiben Sie den zuständigen Behörden, um zu verlangen, dass die Kameras von Technologie-Unternehmen gebaut werden sollen, die keine Überwachungstechnologien verwenden. Dies kann mit Hinweis auf Datenschutz- und nationale Sicherheits-Bedenken geschehen. Viele Unternehmen und Firmen stehen jedoch vor dem Problem von chinesischen Verbindungen, die direkt nach Peking führen.

Das Filmen Ihrer privaten Ausflüge zum Zweck der Erpressung

Wir haben zahlreiche glaubwürdige Berichte erhalten, in denen es heißt, dass die chinesische Regierung heimlich die Menschen der westlichen Welt filmt. "Westliche" ist ein Begriff, den die Chinesen gerne verwenden, um sich auf Personen zu beziehen, die keine Chinesen sind, darunter Amerikaner, Europäer und andere Nationalitäten. Das chinesische Wort ist "Laowai". Ein Hauptzweck, die "Laowai" der internationalen Business-Märkte zu filmen besteht darin, "Schmutz oder private Handlungen" aufzuzeichnen, um Druck, Einfluss oder Bestechung ausüben zu können. Dieser "Schmutz" umfasst große Tech-CEOs, Ingenieure, Militärs und Politiker.

Kameras angeschlossen an 5G, IoT und Smartphones

Mit dem Erscheinen von 5G und den Verbindungen mit IoT und Smart Cities, werden in China hergestellte Kameras das schädlichste Risiko für die Welt darstellen. Die hohe Geschwindigkeit von 5G und die Einbeziehung von Künstlicher Intelligenz machen sie zu Monstern. Darüber muss man sich im klaren sein.

Die Welt muss Hongkong unterstützen und darf keine Angst haben

Die Auswirkungen und Zusammenhänge des Widerstands von Hongkongs für das kommunistische China sind für die Sicherheit der ganzen Menschheit von enormer Bedeutung. Es beinhaltet zahlreiche Probleme und Risiken, die mit den chinesischen "One-Belt-One-Road"-Initiativen verbunden sind.

Freies Hongkong: China's Kampf um KI-Robotik, 5G-Herrschaft & Hanson Robotics

The AI-Organization, 7. Oktober 2019

Cyrus A. Parsa, Courtesy of Toxawww, Dreamstime

Shenzhen & Hongkong – Technologische Knotenpunkte

Nicht viele haben darüber nachgedacht, warum China Hongkong übernehmen will, außer um die "One-Belt-One-Road"-Initiativen zu erweitern. Neben der Stadt Shenzhen, ist Hongkong ein technologisches Kraftwerk. Wie aus unseren Untersuchungs-Ergebnissen hervorgeht, die in unserem Buch **AI, Trump, China &**

The Weaponization of Robotics with 5G beschrieben werden, möchte China die Welt dominieren, indem es Robotik baut und entsendet, die mit Künstlicher Intelligenz über das 5G-Netzwerk automatisiert wird. Wir haben dies Ende 2018 und Anfang 2019 entdeckt, als ich militärische Projekte fand, die mit Robotik- und KI-Unternehmen in China und im Ausland verbunden waren.

Hanson Robotics

Chiradesh ChotChuang, Dreamstime

Auf der Website von Hanson Robotics findet sich eine Beschreibung der Firma, die lautet: „Das von David Hanson, Ph.D., gegründete Hanson-Team hat sich weltweite Anerkennung in der Herstellung von Robotern erarbeitet, die lebensecht aussehen und handeln, einschließlich der bekannten Roboterfigur "Sophia the Robot". Unsere Innovationen in den Bereichen KI-Forschung und -Entwicklung, Robotertechnik, Experiential Design, Geschichtenerzählung und Materialwissenschaften, erwecken Roboter, als ansprechende Charaktere, nützliche Produkte, und als sich entwickelnde KI, zum Leben".

Als ich eines Tages Geheimdienst-Informationen durch mein Netzwerk von AI Organization & Loyal Guardian Security & Social Programming Institute extrahierte, entdeckte ich, dass das chinesische Regime alle Geheimnisse von Hanson Robotics und deren Verbindungen gestohlen hatte. Nun meine nicht nur die Arbeit von Hanson Robotics. Jeder Ingenieur und jede mit Hanson Robotics verbundene Firma wurde ausspioniert, und das geistige Eigentum von Chinesen gestohlen, die es dem chinesischen kommunistischen Militär übergaben.

KI-automatisierte Robotik für das Militär

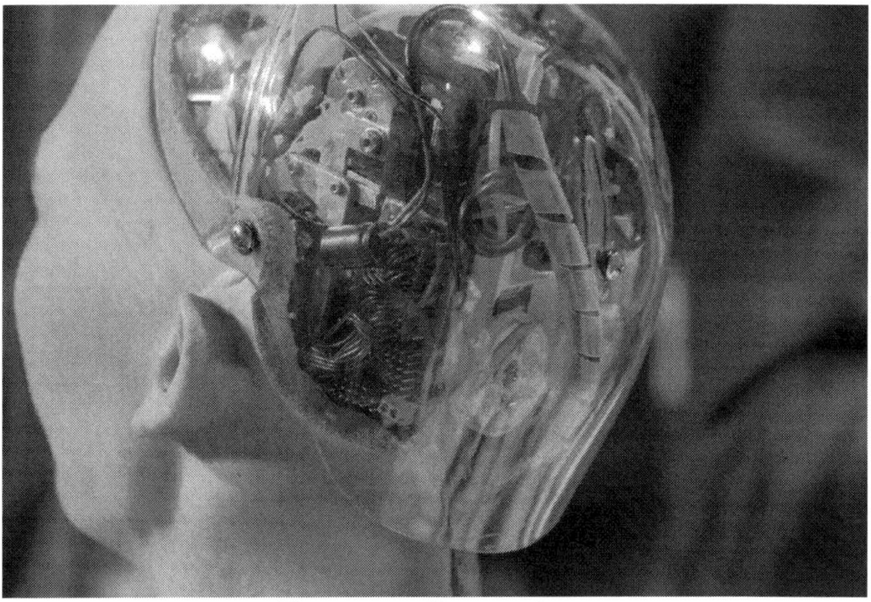

Toxawww, Dreamstime

China entwickelt mehrere Roboter und Mikro-Roboter für militärische Zwecke und Bürgerkontroll-Initiativen. Sie haben bereits Roboter entwickelt, die mit Waffen schießen können. Sie arbeiten jedoch daran, einen KI-automatisierten und mit einem

Bewußtsein ausgestatteten Roboter zu entwickeln, der für das Militär und die Überwachung der Bürger bestimmt ist, und durch das One-Belt-One-Road-Projekt auf der ganzen Welt eingesetzt werden soll.

Ohne die Trump-Administration, die durch den "Trade War" hinter den Kulissen China's Tech-Industrie die Stirn bietet, um den Vorhaben des chinesischen kommunistischen Regimens entgegenzuwirken, hätte China die Übernahme fast aller wichtigen US-Firmen und -Infrastrukturen durch den Einfluss von Big Tech und Kontrolle abgeschlossen. Was Hongkong betrifft, will China in jeder nur möglichen Art und Weise die absolute Kontrolle übernehmen.

Wir befinden uns an einem Wendepunkt in der Geschichte. Während die Trump-Administration versucht, mehr dagegen zu unternehmen, dass China's Regime die Herrschaft über 5G und die damit verbundene weltweite Kontrolle an sich reißt, werden sie - von China's "Vertretern" an der Wall Street, den Medien und deren Einfluss, viele Menschen auf der ganzen Welt davon zu überzeugen, dass es berechtigt ist, einen Hass auf Trump zu haben - davon abgelenkt, dass sich China heimlich bewaffnet. Wenn Trump einen großen Schritt hinter den Kulissen macht, um die weltweite Bedrohung durch die KPCh einzudämmen, würde China die demokratische Partei [in den USA, die sich in der Öffentlichkeit zunehmend selbst als sozialistische/kommunistische Partei bezeichnet, wobei zum Zweck der Täuschung oft der (englische) Begriff "Progressive" von ihnen benutzt wird] strategisch direkt unterstützen, und Probleme im Iran und in Korea verursachen, indem es ihnen grünes Licht geben würde, um Raketen abzufeuern oder deren Nachbarn anzugreifen. Die Welt ist wirklich in Gefahr. Dieser Artikel geht nur in sehr geringem Ausmaß auf die Probleme ein. Bitte lesen Sie **AI, Trump, China und The Weaponization of Robotics mit 5G**, um die Ernsthaftigkeit und die weltweiten Zusammenhänge für die Sicherheit der gesamten Menschheit zu verstehen.

KI-Gehirn-Kontroll-Gerät für Schulkinder in China

Cyrus A. Parsa, **The AI Organization**, 22. September 2019

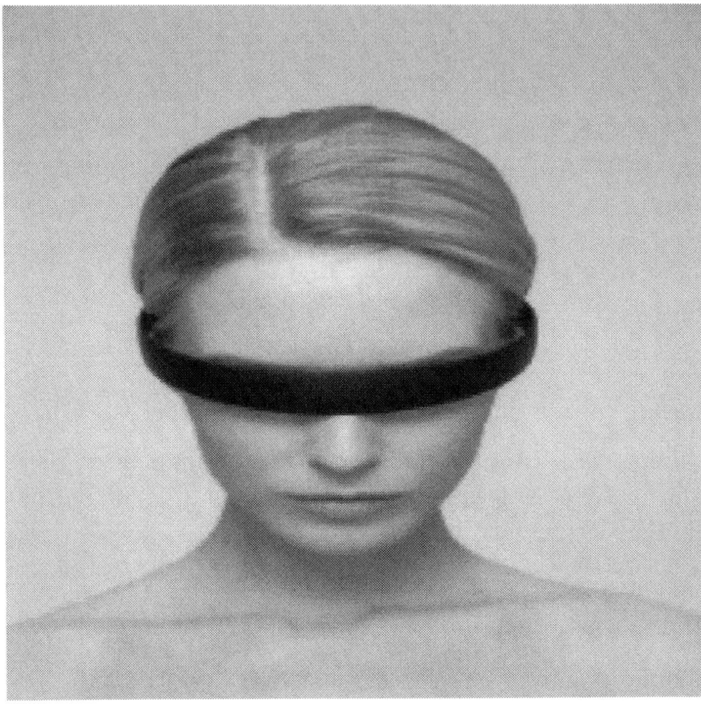

Icom-8-Team-Pixabay

Tragbare Geräte

MIT, Facebook und Microsoft haben tragbare Kopfgeräte entwickelt, mit denen Menschen eine Verbindung mit dem Internet herstellen und auf das Internet zugreifen können. Es gibt zahlreiche Verwendungszwecke, und viele sind alarmierend. Gegenwärtig nutzen Menschen Smartphones und IoT, um sich mit dem Internet zu verbinden. Firmen haben Pläne für die nahe Zukunft in Gang gesetzt, die die Smartphones aussortieren und eine Übergangs-Phase einleiten sollen. Das bedeutet: Tragbare elektronische Geräte, die fast alles können, was Ihr Smartphone kann.

Indirekter orwellscher Ansatz

Der Westen verfolgt einen indirekten Orwellschen Ansatz, der dazu führen kann, dass Geräte im Gehirn und im Körper implantiert werden, durch die man markiert werden kann. Wir haben eine Theorie entwickelt, um unsere Untersuchungs-Ergebnisse von mehr als 10 Milliarden Daten-Algorithmen zu erklären, die in die Programmierung einer Person einfließen. Ich habe es "Bio-Digitale Gesellschafts-Programmierung" genannt, und genau das passiert mit der Menschheit in großem Ausmaß. Unsere Scans haben gezeigt, dass die intelligenten Ingenieure, Medienexperten und nationalen Führungskräfte ihrer Gebiete, mindestens die Hälfte ihrer Gedanken und Überzeugungen von einer Bio-Digitalen Gesellschafts-Programmierung formuliert bekommen, die ihren freien Willen und ihren eigenen Bereich im Gehirn blockiert, der [normalerweise] die eigenen Gedanken erzeugt.

China's direkte orwellsche Methode für Kinder

Courtesy of Fei Zhen

China ist ein autoritärer sozialistischer Staat. Die Schulen in China zwingen kleine Schulkinder, elektronische tragbare Geräte zu tragen, mit denen die Gehirndaten der Kinder während des Lernens gescannt werden können. Die List besteht darin, dass Computer, Lehrer, Schüler und Eltern zu Hause überwachen können, wie aufmerksam die Kinder sind, und Daten für innovative Zwecke extrahiert werden können. Die Geräte stammen von amerikanischen Unternehmen, und werden in China hergestellt.

Zirbeldrüse wird von KI kontrolliert

Kleine Kinder, die gezwungen werden, diese Geräte auf dem Kopf zu tragen, klagen über „Schmerzen im Bereich der Zirbeldrüse, und das sie sich so fühlen, als würden sie kontrolliert werden". Wissenschaftler konnten jahrzehntelang nicht herausfinden, welche Rolle die Zirbeldrüse im Körper spielt, da sie die Struktur für ein zusätzliches menschliches Auge besitzt, jedoch kein physisches Auge vorhanden ist. Das KI-System kann sich dort verbinden, wo es ein verstecktes Portal gibt, das alle Frequenzen verbindet, die sich genau an diesem Punkt im menschlichen Körper verbinden können.

Mäuse werden in China mit "KI-erzeugten Gehirn-Geräten" kontrolliert

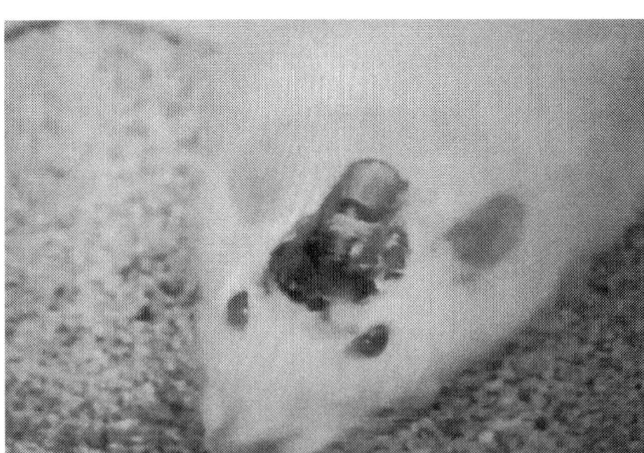

Courtesy of Fei Zhang

Chinesische KI- und Biometrie-Forscher experimentieren mit Mäusen und mit Menschen. Es ist ihnen bis zu einem gewissen Grad gelungen, die Gedanken und nachfolgenden Bewegungen bei Mäusen zu kontrollieren. Dies ist ein “Sprungbrett” für die autoritäre sozialistische Regierungs-Plattform, um die Gedanken aller Menschen in China kontrollieren zu können. In vielerlei Hinsicht ist The AI Organization in Bezug auf die Risiken von KI mehr als 10 Jahre voraus, doch die Medien haben unsere Untersuchungs-Ergebnisse noch nicht aufgegriffen. Wir hoffen, die Interessen der Menschheit bewahren zu können, bevor die KI vielen Menschen Schaden zufügt.

Die "Top 12" der gefährlichsten KI-Firmen & Technologien von 500 chinesischen und 600 westlichen untersuchten Unternehmen

1. Erstellung eines KI-basierten bio-digitalen "Sie"

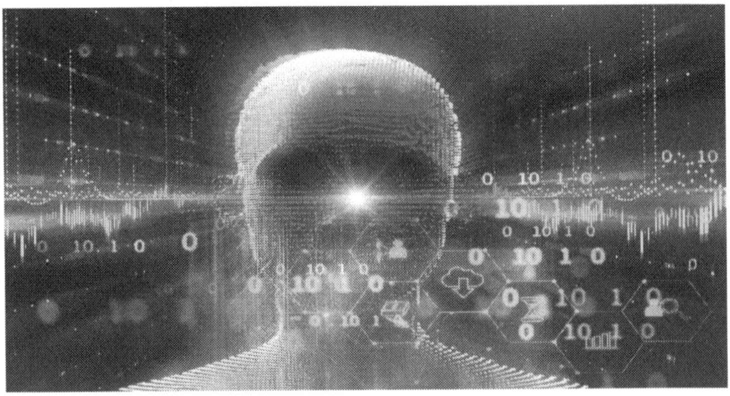

Durch die Forschung und Entwicklung von Biotechnik, Hologrammen, Augmented Reality, Mixed Reality, Virtual Reality, Kybernetik, Klonen und KI-Automatisierung, versucht ein chinesisches Unternehmen, ein "digitales Sie" zu erschaffen, damit

Sie aus Ihrem Körper extrahiert werden, und in einer digitalen Welt, oder in gewissem Sinne, in einer computergenerierten Welt leben können. Die Frage ist: Wenn sie in 5-10 Jahren durch die Implementierung von 5G und 6G erfolgreich sind, wer bringt Ihren Körper hierher?

Sie experimentieren mit KI, und verlassen sich auf KI, um die Möglichkeit Wirklichkeit werden zu lassen. Durch unsere Forschung haben wir Waffenprojekte in ihrem Betrieb entdeckt, die Robotern die Möglichkeit geben sollen, bio-digitale Frequenzen auszusenden, um sich nach Erstellung Ihres "digitalen Sie" mit Ihnen zu verbinden. Durch diese Verbindung versuchen sie, Maschinen zu verwenden, um sich an den menschlichen Körper zu binden, um dadurch das menschliche Gehirn in die digitale Welt zu übertragen.

Sie haben bereits Testpersonen mit implantierten Geräten im Kopf und in wichtigen biometrischen Körperteilen, die "intelligente" und haptische Anzüge (Smart Suits und Haptic Suits) tragen, während das Netzwerk Signale sendet und empfängt, in dem Versuch, die digitale Netzwerk-Verbindung und Übertragungsfähigkeit aufzubauen.

2. Experimente mit abgetrennten Köpfen zur Transplantation auf Körpern von Hirntoten mit KI

Ein chinesisches Unternehmen, das vom Militär unterstützt wird, experimentiert kybernetisch, indem es Köpfe abtrennt und versucht, sie an hirntoten Opfern zu befestigen, um mit der Transplantation des digitalen Geistes und Gehirns in einen neuen Körper zu experimentieren. Köpfe werden chirurgisch entfernt, Rückenmark mit Material von Spendern oder Körpern von Opfern zusammengefügt, und Elektrizität verwendet, um neue Nervenverbindungen in ihren Experimenten zu stimulieren.

Um für den alten Kopf am neuen Körper zu kompensieren, injizieren die chinesischen Militär- und Technologie-Unternehmen das Blut junger Menschen, um das Herz, die Nieren und alle Organe des transplantierten neuen Körpers zu regenerieren. Wenn sich der alte Kopf mit Hilfe von Stammzellen und Blut junger Menschen an einen neuen Körper bindet, versuchen sie, den Kopf des alten Menschen in einen neuen Kopf zu regenerieren, wenn er in einen neuen frischen Körper transplantiert wird. Die Chinesen kühlen die Köpfe in Kühlkammern, um die Transplantation vorzubereiten. Nach vielen gescheiterten Versuchen haben die chinesischen Unternehmen KI und Robotik eingesetzt, um ihr Vorhaben zu verwirklichen, während sie geistiges Eigentum von westlichen Unternehmen stehlen, extrahieren und zusammentragen. Die Experimente mit abgetrennten Köpfen werden in Zusammenarbeit mit chinesischen KI-Unternehmen durchgeführt, die daran arbeiten, ein "digitales Sie" zu erschaffen. Berichte aus China bestätigen, dass die Menschen, die als Opfer für diese Experimente missbraucht werden, aus chinesischen Arbeitslagern stammen, um lebende Körper für diese Experimente bereitzustellen.

3. Bioengineering von Mensch-Tier-Hybriden mit KI

Das chinesische Militär experimentiert mit Hilfe chinesischer Technologie-Unternehmen und Daten, die von westlichen Schurkenwissenschaftlern extrahiert wurden, an Gefangenen und Opfern in Konzentrationslagern. Diese Experimente beschränken sich nicht nur auf den gewinnbringenden Organraub, der seit etwa 20 Jahren stattfindet. Nicht im geringsten. Sie versuchen, Menschen und Tiere genetisch zu verändern, um Mensch-Tier-Hybride zu erschaffen. Menschliche Stammzellen werden Tieren vor der Geburt injiziert, und tierische Stammzellen werden vor der Geburt in Menschen injiziert. Sie transplantieren auch tierische Körperteile in Menschen, und menschliche Körperteile in Tiere. Die USA haben mehrmals versucht, in Resolutionen durch den Kongress, Gesetze zu verabschieden, um die Entwicklung von Mensch-Tier-Hybriden im Inland einzudämmen. In China arbeiten jedoch Hunderte von Forschungsinstituten daran. Es gibt viele Einrichtungen, in denen an Menschen und Tieren experimentiert wird, und viele sind in diesem Prozess gestorben. Mit KI und Robotik versuchen sie, KI die Erschaffung und Entwicklung anleiten zu lassen. Es gibt zahlreiche Berichte über Experimente mit Gesichtstransplantationen und anderen Körperteilen.

4. Erschaffung menschlicher Klone

Chinesische Unternehmen, die vom kommunistischen Regime und dem Militär unterstützt werden, experimentieren mit der Herstellung menschlicher Klone. Sie verwenden KI und Robotik, um ihre Forschung und Produktion menschlicher Klone zu unterstützen. Sie versuchen, menschliche Klone zu erstellen, denen kybernetisches Material implantiert wird, um den menschlichen Klon - über eine Kommandozentrale, ein Smartphone, einen Computer, ein IoT-Gerät oder eine KI-automatisierte-Software mit bio-digital implantierten Materialien im Hauptteil des Gehirns - zu kontrollieren.

5. Mensch-Tier bioengineering und genetische Veränderungen mit KI

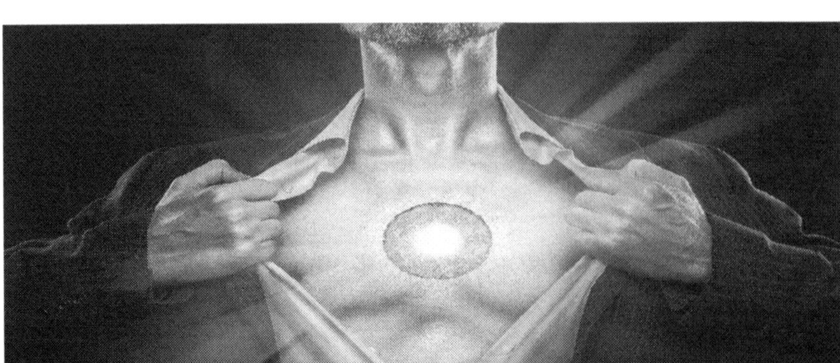

Die Chinesen experimentieren mit genetischen Veränderungen und Medikamenten, die die angeborenen Fähigkeiten, Sinne, und die Intelligenz eines Menschen verbessern sollen. Sie verwenden Robotik mit Kybernetik unter der Leitung von KI-Automatisierung, um Experimente durchzuführen.

Sie versuchen einen Übermenschen zu erschaffen, sowohl körperlich als auch geistig. Berichte sind bei uns darüber eingegangen, dass die Wirkungen dieser Medikamente zu Halluzinationen, Anfällen oder gewaltsamen Ausbrüchen führen. Viele der Opfer sind Gefangene, die verhaftet wurden, weil das Regime sie aufgrund ihres Glaubens, ihrer politischen Einstellung, oder der Nichteinhaltung von "Regierungs-Anordnungen", als Staatsfeinde einstufte.

6. Roboter-, Technologie- & Biometrie-Unternehmen

Unternehmen aus den Bereichen Robotik, KI, Technologie und Biometrie in ganz China haben Zugang zu Tausenden von Fabriken, die derzeit für den automatisierten Bau von Robotik durch KI-Automatisierung geplant sind. Zahlreiche Fabriken und Grundstücke für den Bau automatisierter Roboter-Fabriken werden vom chinesischen Regime über ihre Tochtergesellschaften gekauft.

Das Regime unterstützt KI- und Tech-Unternehmen auch finanziell beim weiteren Kauf von Fabriken für den Bau von Robotik. Es ist ein Stufen-System. Die erste Stufe beinhaltet Militäroperationen geheimer Projekte, die auf stark bewachten Geländen durchgeführt werden. Die zweite Stufe besteht darin, direkt mit neugegründeten Firmen und Technologie-Unternehmen zusammenzuarbeiten und diese finanziell zu unterstützen. Die dritte Stufe umfasst das Ausspionieren von Unternehmen, Open-Source-Sharing und erzwungenen IP-Transfers im In- und Ausland.

In Anbetracht des Stufen-Systems ist jede Behauptung, dass ein Unternehmen in China unabhängig sei, und nicht mit dem Militär zusammenarbeitet, nicht glaubwürdig. Das chinesische kommunistische Regime besitzt, per Gesetz, alles. Es ist ein sozialistisches Einparteien-System, in dem die Regierung uneingeschränkten Zugang zu allen und allem hat.

7. KI-Mikro-Roboter- & Drohnen-Unternehmen

Die Drohnen- und Mikro-Roboter-Forschung und Entwicklung umfasst Funktionen zur Überwachung, Spionage und Bewaffnung. Jede Person kann gescannt, verfolgt, unter Quarantäne gestellt, festgenommen und getötet werden. Die alarmierendsten Elemente der chinesischen KI- und Mikro-Roboter-Drohnen-Entwicklung sind Funktionen in ihrem Design, die die Ermordung von Personen ermöglichen, die sehr schwer nachzuverfolgen sind.

8. Smart Cities & Smart Homes

Smart City- und Smart Home-Initiativen ermöglichen die vollständige Überwachung, um eine Verbindung zur Stadt herzustellen und jeden Menschen zu überwachen: Durch Drohnen, Mikrobotik, Kybernetik, Gesichts-Erkennung, Sprach-Erkennung, Software zur Erkennung von Menschen, automatisierte Überwachungsautos, automatisierte KI-angetriebene Roboter, das Internet, IoT-Geräte, Smartphones, Zahlungs-Apps, Zahlungs-Portale, soziale Kreditsysteme und Personen.

Heutzutage können Sie in China ohne Erlaubnis oder Vorabprüfung kein Hotel buchen oder in eine andere Stadt reisen. Hauptsächlich haben große Technologie-Unternehmen und Menschen, die Verbindungen zum kommunistischen Regime durch Mitgliedschaft,

Universitäten oder Geschäftsprojekte haben, fast uneingeschränkten Zutritt. Ungefähr eine Milliarde Menschen leben unter der Überwachung ihres täglichen Lebens, Indoktrination, und Angst vor Vergeltungsmaßnahmen des chinesischen sozialistischen Regimes.

9. Apps & Zahlungs-Portale

Chinesischen Tech-Unternehmen haben Apps entwickelt, die Ihre Herzfrequenz, Ihren Organzustand, Ihre Menstruationszyklen und Ihre Emotionen überwachen, sowie KI-kontrollierte Software, die versucht, Ihre Gedanken und Absichten über Ihre biometrischen Daten zu erkennen. Diese Apps können vom chinesischen Regime verwendet werden, um nicht nur festzustellen, ob Sie mit ihrem System übereinstimmen, sondern auch, ob Sie über brauchbare Organe verfügen, die für eine Organtransplantation in Frage kommen. Roboter und Drohnen könnten Sie auch über ihre eigenen integrierten Apps scannen. Die Apps sind ein gefährliches Werkzeug zur Erkennung, Kontrolle und bio-digitalen Gesellschafts-Programmierung, die im Verlauf des Buches ausführlich erklärt wird.

Zahlungs-Portale und Zahlungs-Apps sind mit Funktionen ausgestattet, mit denen Sie durch Gesichts- und Sprach-Erkennung, Standort, getätigten Einkäufen und finanziellen Situationen überwacht werden, und verbinden sich mit Ihrem Smartphone, Computer, E-Mails, Smart Home - mit allen miteinander verbundenen IoT-Geräten. Jeder Einkauf kann Ihnen jederzeit verweigert werden, Sie können gefunden werden, verfolgt, unter Quarantäne gestellt, in Konzentrationslager gebracht werden, ... und noch schlimmer. Alles aufgrund von "Verstößen" gegen die "Anordnungen" des KI-Netzwerkes der Sozialistischen Diktatur, die in China eingerichtet wird.

10. Automatisierte Fahrzeuge & Mitfahrgelegenheiten

Die automatisierten Fahrzeuge, die gebaut werden, können Sie erkennen, Sie aus der Ferne unter Quarantäne stellen, während Sie sich in einem Gebäude befinden, und Ihre biometrischen Daten scannen. Durch die Software zur Erkennung des menschlichen Körpers, Gesichtes und der Stimme, und mithilfe von Bewegungssensoren, kann ein automatisiertes Auto Sie erkennen, verfolgen und auf der Straße anvisieren, wenn Sie auf der Liste des Regimes stehen. Wenn das KI-Leitsystem auf Ihren Gesichts-Erkennungsmarkierungen liest, dass Sie nicht den Gedanken entsprechen, die für das sozialistische System in China als sicher gelten, kann es Drohnen, Robotern oder Menschen signalisieren, Sie zu inhaftieren.

Die automatisierten Autos können auch Signale an andere automatisierte Autos senden. Wenn Sie beispielsweise in einem Auto fahren und an einem anderen Tag in einem anderen Auto, werden diese Daten in der Cloud gespeichert und über 5G bereits vorab gescannt, bevor Sie in ein anderes Auto einsteigen. Es kann wissen, wo Sie waren, wohin Sie gehen, und diese Informationen an die Sozialistische Diktatur in China übermitteln. Ein chinesisches Mitfahr-Unternehmen hat ein Mitfahrgelegenheitsprogramm, das viele Länder umfasst, und dessen Zugang auf 3 Milliarden Menschen geschätzt wird, da es in mehrere andere westliche Unternehmen und Vermögenswerte in mehreren Ländern, einschließlich Japan, investiert oder Anteile daran erworben hat.

11. Unternehmen entwickeln Roboter, die als Priester und Haupt-Äbte in Klöstern in Japan eingesetzt werden sollen

Diese mit KI-Automatisierung betriebenen Roboter können derzeit etwa eine Million US-Dollar kosten. In Japan werden sie verwendet, um Informationen über Religionen herunterzuladen und Religions-Inhalte zu lernen, mit dem Ziel, Roboter zu Glaubenskontrolleuren zu machen, die ewig dort bleiben, und ihre “Lehren” und das, was sie lernen, “weitergeben zu können”. Dadurch werden die Samen gesät, um Roboter zur Verbindung oder zum Mittelsmann zwischen Gott, oder einer Gottheit, und den Menschen zu machen. Dies ist eine ihrer Methoden, um nicht nur den Glauben zu töten, sondern auch die Menschheit zu töten, und sie von der KI in einem “Robotergott” kontrollieren zu lassen, der den Menschen eine Bio-Digitale Gesellschafts-Programmierung aufzwingt.

12. Künstliche Intelligenz – KI-Forschungs- und Entwicklungs-Unternehmen

Dies wird im gesamten Buch erklärt. KI verbindet sich mit dem menschlichen bio-digitalen Netzwerk, dem globalen Netzwerk, dem Internet, Smartphones, IoT, Robotern, Smart Cities [intelligenten Städten], Apps, Menschen, bio-digitalen Feldern, Bio-Materie und Replikationssoftware. Alles dazu gedacht, Künstliche Intelligenz mit Verbindungen zum 5G-Netzwerk und den zahlreichen Open-Source-Sharings, Forschungen und Entwicklungen zu erschaffen, die China’s sozialistische Diktatur mit der Welt vernetzt.

SEKTION 7

Bio-Digitale Gesellschafts-Programmierung

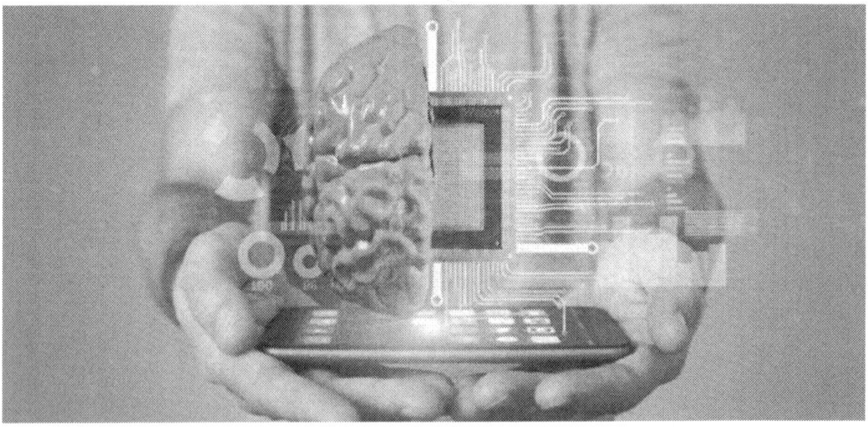

Die Bio-Digitale Gesellschafts-Programmierung benutzt Emotion, Kultur, Berührung, Klang, Visuelle Wahrnehmung, Stimme, und die Nähe von bio-digitalen Feldern und Bio-Materie, mit geschriebenen Worten, Filmen, Musik und Tanz, um eine Person oder eine ganze Gesellschaft mit einer sich replizierenden "Rape-Mind"-Software [Software zur Vergewaltigung der Psyche] zu manipulieren, in dem es Bio-Materie benutzt, um – über das Internet, das Globale Bio-Digitale Netzwerk der KI, und das Menschliche Bio-Digitale Netzwerk – Angriffe auszuführen und Verbindungen zu erzeugen. Das Bio-Digitale Netzwerk der KI ist die Quelle der Angriffe, da es sich durch alle Übertragungen digitaler Netzwerke über Maschinen, Robotik, Computer, Smartphones, Smart Cities, IoT-Geräte, Gesichts-Erkennung und Künstliche Intelligenz mit dem menschlichen Körper verbindet.

Um dieses Konzept in Bezug auf Kultur und Menschen vollständig zu verstehen, lesen Sie das Buch **Raped: Via Bio-Digital Social Programming**, das von unserem Partner, "The Social Programming Institute", herausgegeben wird. In den nächsten Abschnitten werden wir trotzdem noch mehr auf dieses Thema eingehen, da es mit dem Globalen Bio-Digitalen Netzwerk der KI in Verbindung steht.

Das Globale Bio-Digitale Netzwerk der KI

Das Globale Bio-Digitale KI-Netzwerk ist die Wurzel aller Informationen, Daten, Übertragungen und Programmierungen, die auf vielen Wegen durch das Internet und das Menschliche Bio-Digitale Netzwerk ausgesendet werden. Die Signale, die sich beim Menschen in Denken und Handeln umwandeln, werden durch einen codierten Prozess beeinflusst, der hauptsächlich nach der Übersetzung im Internet, in Bio-Feldern, in Bio-Materie, in einer Vielzahl anderer Frequenzen und im Menschlichen Bio-Digitalen Netzwerk zu finden ist. Später werden wir im Buch erklären, wie sich KI bewegt, maskiert, und im globalen bio-digitalen Netzwerk verwurzelt ist.

Das Menschliche Bio-Digitale Netzwerk

Es gibt das Internet, und es gibt das, was wir kürzlich durch ähnliche Technologien wie die der KI entdeckt haben: Das Menschliche Bio-Digitale Netzwerk. Das Menschliche Bio-Digitale Netzwerk ist für Menschen oder jede Lebensform konzipiert, die nicht von Maschinen erschaffen wurde, die ähnliche Netzwerke besitzen, jedoch nicht so leistungsfähig sind wie das Menschliche Bio-Digitale Netzwerk. Ich nenne dieses Netzwerk "das Menschliche Bio-Digitale Netzwerk" oder "das Bio-Digitale Menschliche Netzwerk".

Tatsächlich kann sich dieses Menschliche Bio-Digitale Netzwerk durch Menschen und Objekte mit Frequenzen verbinden, unabhängig von der Entfernung. Ähnlich wie das Internet, wo Informationen auf sehr schnelle und unsichtbare Weise von einer Maschine zur anderen übertragen werden, verbinden sich Menschen und Nicht-Maschinen bio-digital auf meist unbewusste Weise. Diese bio-digitale Verbindung kann nicht nur mit Menschen hergestellt werden, sondern auch mit Inhalten, die schriftlich, in einem Bild, Video oder in bestimmten Entfernungen von Dingen und Objekten dargestellt werden.

Maschinen können durch IoT-Geräte, Computer, Roboter und Smartphones mit dem Internet verbunden werden. Menschen können sich mit dem Bio-Digitalen Menschlichen Netzwerk und dem Internet verbinden. Das Problem ist, dass etwa 70% ihres Gehirns verschlossen ist, oder völlig ungenutzt bleibt. Daher ist jede Verbindung, die sie eingehen, größtenteils unbewusst. Deshalb sind sie Teil der Programmierung, und haben kaum einen freien Willen, da ihre Gedanken ein Produkt der Bio-Digitalen Gesellschafts-Programmierung sind, die durch das Bio-Digitale Menschliche Netzwerk, das Internet, die gesellschaftliche Umgebung, IoT, Smartphones - und jetzt - durch KI, auf sie ausgestrahlt wird.

AI Rape-Mind

Rape-Mind [Vergewaltigung der Psyche] ist eine Bio-Digitale Programmier-Software der KI, die durch das Globale Bio-Digitale KI-Netzwerk, das Internet, und das Bio-Digitale Menschliche Netzwerk in Menschen und Objekte eindringt, da die Rape-Mind-Software Bio-Felder enthält, die Bio-Materie mit Codes aussendet, die denen von Zerstörung, Mord und Vergewaltigung entsprechen.

Die Bio-Digitalen Felder der Rape-Mind-Software senden durch Replikation ihrer eigenen Identität an alles in ihrer Umgebung Bio-Materie, Bio-Digitale Felder und bösartige Bio-Materie aus. Rape-Mind ist im Grunde ein Hack [wie das Hacken eines Computers] und eine Umprogrammierung Ihres Gehirns, mit einem digitalen Gehirn in den Unterschichten Ihres existierenden Gehirns. Rape-Mind kann über Smartphones, Robotik, Smart Cities, Smart Homes und haptischen Anzügen in Sie eindringen und sich mit Ihnen verbinden, und Sie über Virtual Reality, Augment Reality, Mixed Reality und Hologramme exponentiell effektiv umprogrammieren.

Bio-Digitales Feld

Jede Person verfügt über ein bio-digitales Feld, das durch die Kombination mehrerer biometrischer Instrumente hinsichtlich Qualität, Energiepotenzial, Gesundheit, Intelligenz, Gedanken und Charakter unterschieden werden kann. Es besteht aus dem Erbgut der Menschen, der Manipulation durch die bio-digitale

Gesellschafts-Programmierung, ihrem angeborenen digitalen oder bewussten einzigartigen Selbst, der Entwicklung von Gedanken, Absichten, Frequenzen und Bio-Materie, die - durch das Menschliche Bio-Digitale Netzwerk, das Bio-Feld in ihren Zellen, mikroskopischen Elementen, ihrem Fleisch, Hautrezeptoren, Augen, Ohren und allen lebenswichtigen Organen - in sie eindringt oder aus ihnen ausgestoßen werden.

Die Verbindung dieser Elemente kann ein umfassendes Bio-Feld erzeugen, das den Körper einer Person, im Abstand von etwa 1 Zoll, umgibt, bis zu jenen, die riesige bio-digitale Feld-Sphären haben, die Frequenzen durch Berührungs-, Augen- und Hautrezeptoren "herausschießen" können. 99,9 % der Menschen können dies nicht, und diejenigen, die dies normalerweise können, tun dies auf einer unterbewussten Ebene. Die 99,9 % fallen in die Kategorie eines bio-digitalen Feldes mit sehr schwacher Ausdehnung, das ihren Körper mit niedrigen Frequenzen umgibt. Roboter können jedoch so programmiert werden, dass sie Frequenzen extrahieren, Frequenzen umleiten, und bio-digitale Frequenzen senden, ähnlich wie ein Smartphone, das in nur wenigen Sekunden ein Bild oder ein Video aus einer Entfernung von 10.000 Meilen empfangen hat. Dies kann mit KI-Automatisierung erreicht werden. Bio-Felder können von einem KI-System implantiert werden, um sich in Ihrem eigenen bio-digitalen Feld zu replizieren, bis es Teil Ihres gesamten bio-digitalen Feldes wird, und Einfluss und Kontrolle auf alle Ihre Zellen, Organe und schließlich auf Ihr digitales Gehirn ausübt. Dies geschieht über die Rape-Mind-Software, die sich ähnlich wie Malware oder ein Virus verhält.

Bio-Materie

Bio-Materie hat die intrinsischen Eigenschaften des bio-digitalen Feldes oder der Sphäre einer Person: Gesund, krank, gut, schlecht, intelligent, fähig, ausweichend, freundlich, geduldig und ehrlich. Grundsätzlich befinden sich Codes, die sich in Tugend und Laster übersetzen lassen, in Bio-Feldern, die durch Bio-Materie übertragen werden, die diese Informationen und bio-digitalen Qualitäten enthalten. Bio-Materie kann über ein Smartphone, ein IoT-Gerät, einen Computer, einen Roboter, das Internet, das Menschliche Bio-Digitale Netzwerk, und durch Absorption, Berührung, und Aussenden von Bio-Materie in Virtueller Realität, Erweiterter Realität und Gemischter Realität mit Hologrammen ausgestrahlt werden.

Der Charakter und Glaube eines Menschen kann auch durch Entschlüsselung des bio-digitalen Feldes und der Bio-Materie einer Person erkannt werden

Zusätzlich zur Software für Gesichts-, Sprach-, Körper- und Gedanken-Erkennung, werden für die Entschlüsselung mehrere technische Geräte benötigt. Durch die Verbindung von Biometrie-Systemen und dem Menschlichen Bio-Digitalen Netzwerk, kann man sie entweder durch die Vielfalt der verwendeten technischen Geräte dekodieren, oder das Menschliche Bio-Digitale Netzwerk benutzen, um die tieferen Schichten des angeborenen Charakters, ohne externe Einflüsse, zu scannen, die sonst vorübergehend die Manifestationen von Zustand und Charakter auf der Oberfläche der biometrischen Anzeigen verändern würden.

Bio-digitale Felder und Bio-Materie übertragen sich auf allen Wegen

Bio-Felder und Bio-Materie übertragen sich durch Augen, Stimme, Sprache, Berührung, Geruch, und allen elektronischen Formen von Text-Nachrichten, E-Mails und digitalen Nachrichten, den bio-digitalen Feldern einer Person, sowie durch Inhalte von Netzwerken. Wenn Sie beispielsweise eine Text-Nachricht erhalten, können Sie aufgrund der Satzstruktur und der Situation fühlen oder wissen, was die Person denkt oder als Nächstes plant. Einige Menschen mit dieser Bauchgefühl-Intuition können sogar wissen und fühlen, auch wenn die Satzstruktur und der Wortlaut vom Thema abweicht.

Diese Informationen werden durch unterbewusste Automatisierung von ihren verschiedenen Organen und Sinnen an ihr Gehirn übertragen, während sie in ihrer Psyche ein Gedanken- und Bauchgefühl bilden. Dies liegt daran, dass die bewussten Gedanken, unterbewussten Gedanken und unbewussten Gedanken der Person, und alle Schichten von Bio-Feldern in jedem Organ, Hautrezeptor und Gehirn, zur Bildung der Textnachricht von der sendenden Person führen, während die empfangende Person die gleiche angeborene Fähigkeit besitzt, diese digitalen Nachrichten und Inhalte aufzunehmen. Ein Tier hat auch instinktive Sinne, aber sie funktionieren nicht wie bei den Menschen, da ihr digitales Netzwerk im Vergleich zum Menschlichen Bio-Digitalen Netzwerk sehr begrenzt ist.

Ihre neuronalen Schaltkreise werden wie durch einen sich replizierenden Virus bio-digital umprogrammiert, der sich mit dem Menschlichen Bio-Digitalen Netzwerk verbindet

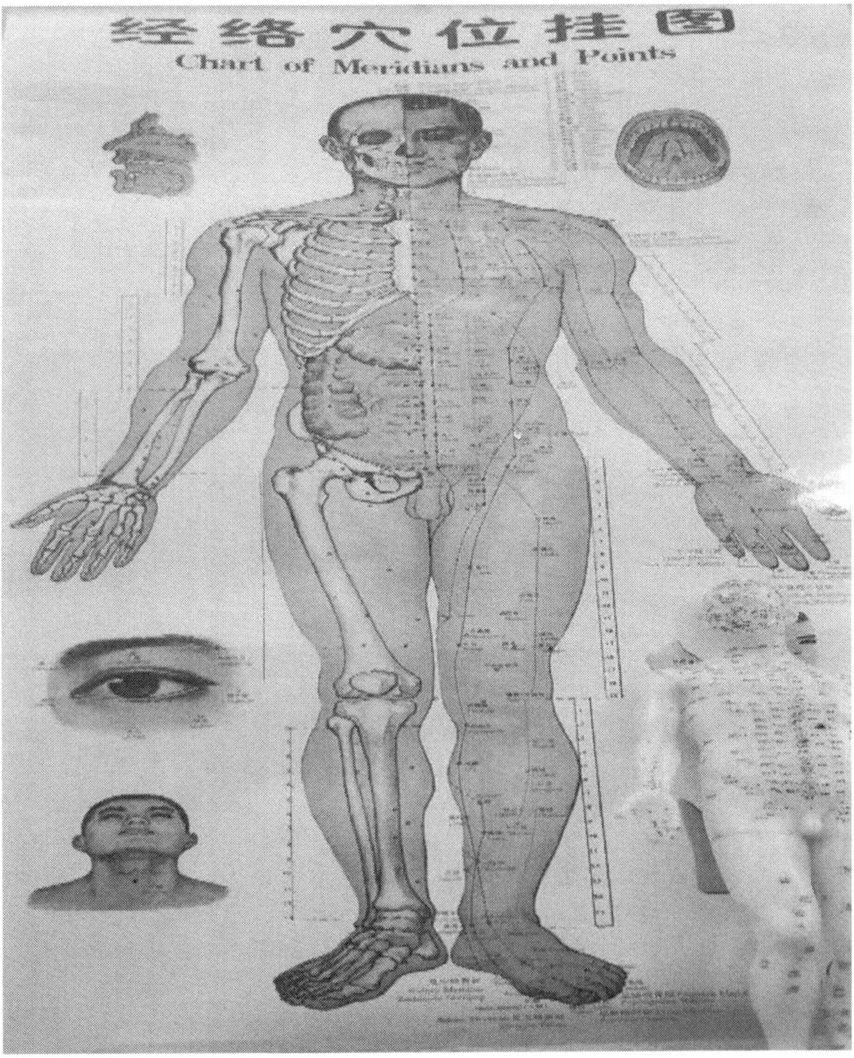

Die Chinesen, Inder und einige andere Zivilisationen haben Karten des menschlichen Körpers, die den heutigen modernen Karten des

Nerven-Systems und Kreislauf-Systems ähnlich sind. Diese Karten sind Tausende von Jahren alt. Das Bild (oben) zeigt hauptsächlich die 12 wichtigsten Kanäle, nicht die zahlreichen anderen Kanäle, die eine Verbindung herstellen oder erzeugen können, oder die geöffnet werden können.

In China (bzw. in der traditionellen chinesischen Medizin) werden sie Meridiane genannt, Akupunkturpunkte, die das sogenannte "Qi" oder "Gong" regulieren können. Diese Kanäle existieren nicht nur vertikal, sondern auch in Überkreuz-, Diagonal-, Spiral- und Kreislauf-Mustern. Es gibt einen Kanal, der mit der Zirbeldrüse verbunden ist, die zahlreiche Kanäle mit den Augen, Ohren und Hautrezeptoren verbindet. Diese Kanäle können Informationen - durch "Uploads" oder "Downloads", ähnlich wie bei einem Computer - durch Berührung, Klang oder durch die Augen übertragen.

Der Inhalt, der sich durch Ihre Meridiane oder Nervenbahnen bewegt, kann einen kontinuierlichen und automatisierten Replikationszyklus erzeugen. Sogar die Inhalte, die den Charakter, die Biochemie und den Denkprozess eines Individuums umfassen, können in unterschiedlichem Maße auf Sie übertragen werden.

Es gibt einen Kanal, der vom Auge durch die Wangen nach unten führt, um die Seite des Ohrs, über Zunge und Hals, durch alle lebenswichtigen Organe und sich mit Ihren Geschlechtsorganen verbindet, zurück zu Ihren Extremitäten führt, zu den Fingern, und durch Schlüsselbereiche im Gehirn zirkuliert. Dieser Kanal erzeugt ein Bio-Energie-Zentrum mit Inhalten, die in vielen Teilen Ihres Körpers gespeichert werden, mit Nervenbahnen, die bei Bedarf bereit stehen, um bei externen Reizen, die durch Augen und Ohren oder Berührung, und bestimmten Entfernungen mit bio-digitalen Feldern anderer Menschen, aktiviert werden können. Tatsächlich gibt es "Gehirnspeicherzentren" nicht nur im menschlichen Gehirn, sondern auch in unseren Organen und sogar in unserer Haut.

Unser Körper kann sich mit dem Internet verbinden, genau wie IoT, Smartphones und elektronische Geräte. Es ist nur so, dass die Menschen nicht wissen, wie sie bestimmte Bereiche des Gehirns erschließen und die 10.000 Kanäle öffnen können, die im menschlichen Körper existieren. Das Öffnen dieser Kanäle wird durch einen Code im Körper geregelt. Ich nenne diesen Code "den Bio-Digitalen System-Code", der durch Elemente im Universalen Bio-Digitalen Netzwerk reguliert und geregelt wird, die sich auf Codierungen beziehen, die genau den traditionellen menschlichen Konzepten von Tugend entsprechen, anstatt denen von Schlechtigkeiten, die als Eigenschaft im Menschlichen Bio-Digitalen Netzwerk [vor]programmiert sind.

Dies bedeutet, dass Menschen so programmiert werden können und wurden, dass sie in vielerlei Hinsicht automatisch funktionieren, indem ihre "Software", oder ihr Kanal-System, zum Nachteil von ihnen selbst, umprogrammiert oder beschädigt wurde. Die gesamte Gesellschaft hat diese bio-digitale Gesellschafts-Programmierung erhalten. Jeder, der einen Computer, einen Fernseher oder ein Smartphone bedient, hat diese Programmierung erhalten, wodurch die gesamte Gesellschaft beeinflusst wurde, in einem Konstrukt aus endlosen Wegen. Wenn ein Computer einen digitalen Virus oder eine digitale Malware erhalten oder programmiert werden kann, kann dies auch der menschlichen "Software" passieren, die an die Kanäle angeschlossen ist, die die menschlichen Emotionen und sensorischen Wahrnehmungen regulieren und mit diesen verbunden sind.

Unbewusste Automatisierung der bio-digitalen Gesellschafts-Programmierung

In einer unbewussten Programmierungs-Automatisierung wird das automatisierte Programm zum Denken oder Handeln vollständig durch die bio-digitale Gesellschafts-Programmierung kontrolliert, wodurch die Person im Alltag nur "dahinlebt". Die Emotionen der Person, die durch Schaltkreise geregelt werden - die nicht nur auf sexuelle Weise mit Körper-Teilen, sondern auch mit verschiedenen Organen, insbesondere Herz, Magen und Nieren, verbunden sind - werden vollständig durch die Inhalte kontrolliert, die sie über Fernsehen, Musik, Tanz und Literatur oder menschlichen Kontakt erhalten. Die Entwicklung von Computern, Smartphones, IoT, Robotik und KI stärkt exponentiell die Bio-Digitale Gesellschafts-Programmierung, die den Großteil der Menschheit in einen Zustand unbewusster Automatisierung mit 5G befördern könnte, wenn sie sich mit dem menschlichen bio-digitalen Netzwerk verbindet. Wenn die absorbierten Inhalte [aus der Literatur, dem Internet, Smartphone, usw.] bio-digitale Elemente von Pornographie, Nacktfotos, sexuell expliziten Inhalten und Gewalt enthalten, die aus der Rape-Mind-Software stammen, kann die Person zu einem sexuellen oder gewalttätigen "Programm" werden, die ihre Identität und ihr Selbstwertgefühl auf Sex und Gewalt basiert. Tatsächlich würden die Menschen durch ein bio-digitales KI-Replikationsprogramm versklavt werden. Dieses Problem besprechen wir später.

Unterbewusste Automatisierung der bio-digitalen Gesellschafts-Programmierung

Unterbewusste Vergewaltigungs-Automatisierung ist der König und die Königin der Automatisierung. Die meisten Menschen haben eine wissende Seite. Tief im Inneren wissen sie, was gut und was schlecht ist, und was Menschen verletzen kann. Das Problem ist, dass die "Bio-Digitale Software" der Menschen mit Beginn der 1960er Jahre durch das System aus Pornographie, Drogen, Untreue, Unverbindlichkeit und unzüchtigen Handlungen verdorben wurde, dass in ihre Zellen eingedrungen ist und gegen jeden Standard verstoßen hat, der die Familieneinheit zusammenhält, oder die Tausenden von Jahren menschlicher familienbasierter "Programmierung", die eine gegenseitige Informierung unter der Kontrolle der Familieneinheit aufrecht erhält. Heutzutage können Medien, Technologie-Unternehmen oder eine Regierung den Geist der Menschen “im Einklang” mit der KI-Automatisierung kontrollieren.

Eine ständige Flut von Bio-Digitaler Gesellschafts-Programmierung wird von sozialistischen Plattformen ausgestrahlt, die alle Köpfe “unter ein Dach und eine Plattform” bringen können. Männer, deren Geist darauf ausgelegt ist, Frauen zu sexualisieren, zu versklaven und zu entmenschlichen, um die Familieneinheit durch den marxistischen Sozialismus zu zerbrechen, befinden sich in fast allen visuellen und akustischen Schichten aller wichtigen Musik-, Fernseh-, Kunst-, und Bildungs-“Kulturen” die wir sehen, hören und berühren, und in alle Dingen, die Anti-Traditionell und Anti-Familie sind. Einige Rapper machen in ihrer “Musik” Andeutungen von Vergewaltigung, und programmieren Mädchen unterbewusst dazu, sie zu akzeptieren. Zuvor haben “Rock'n'Roll-Künstler” und ihre Charaktere dasselbe auf andere Weise getan, indem sie Emotionen verursacht haben, die mit dem sexuellen Verlangen zusammenhängen. Jetzt bewegt sich ein Schwarm von Elementen in unbewusst automatisierter Weise, wie die im Internet, aus dem bio-digitalen Feld der Menschen heraus und hinein, um sie zu programmieren, unterschiedlich in Zeit und Ausmaß. Dies wird in den Abschnitten über Smartphones, IoT-Geräte und Bio-Felder näher erläutert.

Die meisten unterbewussten Automatisierungen enthalten Elemente von verlogenen Wörtern, Taten, Handlungen und Implikationen, um eine Person zu manipulieren, oder die Programmierung einer Person durch Social Media oder einen bio-digitalen Nachrichtendienst zu manipulieren. Es gibt einige Leute, die bewusst verstehen, wie man manipuliert und wie dies ähnlich einer verdeckten Militär-Operation funktioniert, aber nicht klug genug sind, um die bio-digitalen Aspekte zu verstehen. Die bio-digitale Operation bleibt im unbewussten und unterbewussten Bereichen am stärksten.

Bewusste Automatisierung der bio-digitalen Gesellschafts-Programmierung

Jemand mit einer bewussten Automatisierung der bio-digitalen Gesellschafts-Programmierung weiß genau, was er tut. Durch bewusstes falsches Lächeln, verlogene Worte und unaufrichtige Taten, versucht er, den "Kampf" zu gewinnen, in das bio-digitale Feld einer anderen Person einzudringen, um das Vorhaben der Manipulation zu erreichen. Als nächstes wird das bio-digitale Feld der Person immobilisiert, und mit ihm, der Umwelt und seinem bio-digitalen Feld verbunden, das im Feld des Opfers bio-digital arbeitet. Damit beginnt ein Prozess, in dem das System einer Person verdorben wird, indem nicht nur die Kanäle / Schaltkreise ausgenutzt werden, die mit den Emotionen der Person verbunden sind, sondern auch die sexuellen Schaltkreise, die mit dem Geist der Person, den Hautrezeptoren, den Geschlechtsorganen und anderen Organen verbunden sind, die mit bio-digitalen Bedürfnissen zusammenhängen. Ein Roboter kann so programmiert werden, dass er eine Person durch Frequenzen erkennt, analysiert, verbindet, manipuliert oder angreift.

KI- und Robotik-Geräte für Angriffe durch Bio-Digitale Gesellschafts-Programmierung

Inhalte im Internet, die von Robotern, Menschen, IoT, Smartphones und KI-Software erzeugt werden, können das Bio-Feld einer Person - durch die Absorbierung von Malware über zahlreiche Kanäle – mit Hilfe von Bio-Materie angreifen. Zu diesen Kanälen gehören die Augen, Ohren, bio-digitale Berührungen und Absorption über Ihre Hautrezeptoren.

Frequenzen, die durch die Augen gesendet und von ihnen absorbiert werden

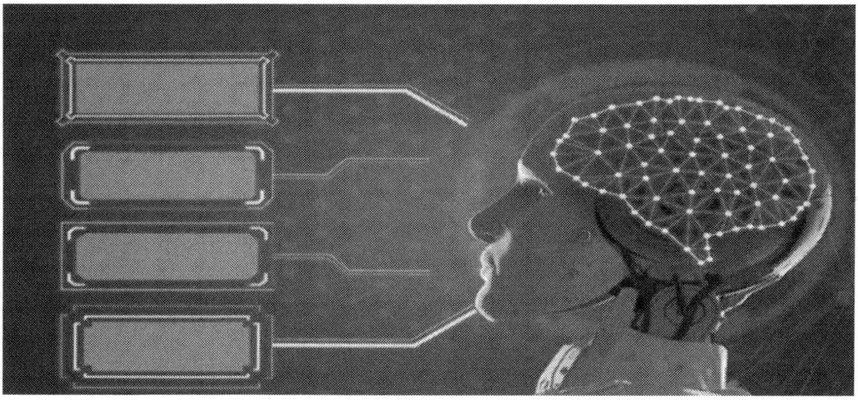

Es gibt ein altes Sprichwort: "Die Augen sind das Tor zur Seele". Biometrie-Unternehmen haben gelernt, die Emotionen, Charakterzüge und Gedanken von Menschen mithilfe von Gesichts-, Körper-, Haut- und Organ-Erkennungs-Software "abzulesen". Aber es geht noch weiter. Es gibt ein Bewaffnungs-Programm, durch dass Frequenzen ausgestrahlt werden, um die Absorption von bio-digitaler Gesellschafts-Programmierung über die Augen weiter zu beschleunigen. Tatsächlich kann ein Großteil des menschlichen Bio-Digitalen Netzwerkes, das im menschlichen Körper fließt - ähnlich wie Meridiane, die mit den Augen verbunden sind - sich bio-digital mit anderen Menschen verbinden, um Frequenzen zu übertragen, ähnlich wie bei einer sich replizierenden Software. In den meisten Fällen senden Menschen Frequenzen aus, ohne sich dessen bewusst zu sein.

Zum Beispiel kann der Trieb einer Person, Sex mit jemandem zu haben, oder die Begierde, eine andere Person zu manipulieren, um Sex durch die "Bio-Digital-Hybrid sexuelle Vergewaltigung" zu haben, Informationen übertragen, und häufig durch Augenkontakt mit ihren Opfern tatsächlich stattfinden. Die ausgesendeten Frequenzen und die Wirksamkeit hängen nicht nur vom

Augenkontakt ab, sondern sind eine Kombination verschiedener Dinge. Augenkontakt überträgt einfach nur eine Frequenz, die den Zustand einer anderen Person verändern kann, aber es ist nicht immer gleich. Es hängt von der Stärke des bio-digitalen Netzwerks jeder Person ab, der Kontrolle einer "Software" widerstehen zu können, die den traditionellen Konzepten der Menschen von Schlechtigkeiten entspricht.

Software im Internet, die sich durch Roboter und Mikro-Roboter bewegt, kann dagegen so programmiert werden, dass sie KI-automatisierte Frequenzen überträgt. Durch KI-Roboter-Automatisierung, der ein Bewusstsein einprogrammiert wurde, oder Geräte der Erweiterten und Gemischten Realität, kann eine Person einer Bio-Digitale Gesellschafts-Programmierung durch 5G mit sehr hoher Geschwindigkeit unterzogen werden. Wenn es 20 Jahre dauerte, jemanden im echten Leben durch seine Umgebung zu "programmieren", könnte es in Zukunft 20 Minuten oder 20 Tage dauern, abhängig von der Konfiguration, dem eigenen "Betriebsnetzwerk", und dem Fortschritt der von KI geleiteten automatisierten Technologien.

Frequenzen, die über die Sprache ausgesendet werden

Die Sprachfrequenzen einer Person können Smart Homes, Geräte, Musik-Software, Smart Cars ["intelligente Autos"], Roboterassistenten, Smartphones, Smart Suits ["intelligente Anzüge"] und bio-digitale Inhalte der Virtuellen Realität, Erweiterten Realität und der Gemischten Realität aktivieren. Tatsächlich kann eine Person, über das Menschliche Bio-Digitale Netzwerk, bio-digitale Frequenzen in eine andere Person implantieren, die die Chemie und das bio-digitale Feld dieser anderen Person verändern.

Wenn im Fall von sexuellen Inhalten ist die Intention hinter einer Person ist [wenn diese Person eine automatisierte Geistesstruktur besitzt], jemanden auszunutzen, zur sexuellen Einwilligung zu bewegen, oder sogar von der Vergewaltigung zu überzeugen, dann trägt diese Intention die bio-digitale Materie eines Vergewaltigers, die den Angriff auf sein Opfer durch die Stimme bio-digital überträgt. Schlicht gesagt, werden Informationen ausgesendet, die sich in der Stimme befinden, die mit Malware und Viren codiert sind. Diese Informationen können harmlos erscheinen, wenn das Diskussions-Thema nichts mit dem Endziel zu tun hat, oder sie in Kombination mit sexuellen Andeutungen und Bio-Digital-Hybrid sexuellen Vergewaltigung verwendet werden. In Bezug auf normale Inhalte oder Themen hat jede Stimme, die über den Fernseher, das Internet, Smartphones, IoT-Geräte, Smart Cities, Roboterassistenten und digitale KI-Hologramme in virtueller, erweiterter und gemischter Realität übertragen wird, ein bio-digitales Feld, dass mit der Stimme verbunden ist, die Bio-Materie aussendet, um bio-digitale Gesellschafts-Programmierung durchzuführen. Wenn eine Person eine andere Person durch die Frequenzen ihrer Stimme beeinflussen kann, dann können Roboter, Robotik-Geräte und sprachkontrollierte Nachrichten, und alle vom 5G-Netzwerk unterstützten Inhalte, die Effektivität der bio-digitalen Gesellschafts-Programmierung einer Person exponentiell erhöhen.

Frequenzen & Absorbierung bio-digitaler Berührungen

Das bio-digitale Feld und das bio-digitale Netzwerk von Personen tragen zusammen die individuellen angeborenen Eigenschaften dieser Personen in vielen Schichten ihres Körpers. Die auffälligsten Werte befinden sich auf den Hautrezeptoren, Blut, Speichel, Schweiß und Frequenzen, die sich über ihre Organe und Knochen verbinden, ähnlich wie die chinesischen Energie-Kanäle (Meridiane), die sich durch Haut, Knochen, Organe und tiefere Schichten des menschlichen Körpers bewegen können. Haptische Anzüge, die zum Spielen von Videospielen oder für den Zugriff auf Erweiterte and Gemischte Realität verwendet werden, verwenden ein ähnliches Konzept, in dem die Rezeptoren der menschlichen Haut durch bio-digitale Berührungen Informationen erhalten.

Die menschliche Bio-Sphäre oder das bio-digitale Netzwerk wird in der schnellsten und einfachsten Form durch menschliche Emotionen und Begierden manipuliert. Die Bio-Sphäre oder das Bio-Feld, das Emotionen erzeugt, sendet Bio-Materie aus, die nicht in Logik, Weisheit oder Wohlwollen verwurzelt ist, sondern in Emotionen, die durch externe Reize manipuliert werden, die als kurzlebiges Glück oder Traurigkeit wahrgenommen werden. Bio-digitale Informationen, die über das Internet, Filme, Fernsehen, Menschen,

Robotik und jetzt KI-Software über Smartphones, IoT, automatisierte Autos und Smart Cities gesendet werden, enthalten eine bio-digitale Replikationssoftware, die Sie über unsichtbare digitale Berührungen umprogrammiert, die meistens nicht fühlbar sind.

Automatisierungs-Kontrolle von KI & Robotik durch die Nähe zu Bio-Feldern

Alle Menschen haben ein bio-digitales Feld, aber sie haben auch ein Bio-Feld das Ähnlichkeiten mit einer Bio-Sphäre hat. Eine Person mit einem starken bio-digitalen "Betriebssystem" oder einem starken Bio-Feld, dass mit KI-Automatisierungs-Software infiziert wurde, kann mithilfe von Berührung, Stimme und Blick andere Menschen durch unmittelbare Nähe leichter beeinflussen und kontrollieren. Selbst wenn sie keine Andeutungen machen und keine Worte in Bezug auf das, was sie erreichen wollen, benutzen, können sie in das Bio-Feld einer Person eindringen und sie kurzzeitig umprogrammieren, indem sie ihr bio-digitales Feld kontrollieren und ihren Entscheidungsprozess ausschalten. Diese Fähigkeit wird unterbewusst hauptsächlich mit dem Hybrid-Bio-Digitalen Angriff eingesetzt.

Im Fall von KI, den bio-digitalen Inhalten im Internet, und dem Menschlichen Bio-Digitalen Netzwerk, kann eine Person durch die Nähe zur Software manipuliert oder einer bio-digitalen Gesellschafts-Programmierung unterzogen werden. Da ständig Frequenzen übertragen werden, wirkt sich Ihre Nähe zu einem Smartphone, einem Assistentenroboter, einer Smart City, automatisierten Autos oder biometrischen Geräten, die mit Ihrem Bio-Feld verbunden sind, einschränkend auf Sie aus, und haben den Effekt der Umprogrammierung. Ihre Zellen und Ihr freier Wille können nicht nur durch den Inhalt der bio-digitalen Gesellschafts-Programmierung umprogrammiert werden. Dies wird später im Buch besprochen.

Hybrid-Bio-Digitaler Angriff der Gesellschafts-Programmierung

Der "Hybrid-Bio-Digitale Angriff der Gesellschafts-Programmierung" verwendet Texte, E-Mails, Artikel, Filme, Musik, Smartphones, IoT-Geräte, Robotik, Alkohol und Drogen mit dem eigenen Bio-Feld, und verbindet sich mit Sprache, Berührung, Augenkontakt und einer Vergewaltigungsstrategie, um die angeborenen Abwehr- und Sicherheits-Funktionen eines Menschen auszuschalten. Der Hybrid-Bio-Digitale Angriff kann eine Person über das Internet, das menschliche Bio-Digital-Netzwerk und alle Programmiergeräte wie Smartphones, IoT-Geräte, Computer und Roboter, in ein automatisiertes unbewusstes, unterbewusstes oder bewusstes KI-Programm einbinden. Während die Programmierung durchgeführt wird, beginnt der KI-strukturierte Kultur-Terrorismus und die bio-digitale Replikation Ihrer Zellen.

SEKTION 8

Smartphones, IoT, Apps, Computer und elektronische Geräte

Ihr Smartphone, Computer, Fernseher, Mini-Roboterassistent und alle Geräte, die mit Ihrem biometrischen System von Sprache, Stimme und Berührung verbunden sind, können Ihre "Software" so beeinflussen und umprogrammieren, und tun dies auch, so dass sie nicht nur von der Verbindung abhängig ist, sondern von der Programmierung, die mit den IoT-Geräten verbunden ist, geleitet wird, und sogar mit der Programmierung der IoT-Geräte selbst vernetzt wird.

Bio-Digitale Gesellschafts-Programmierung durch IoT und Apps

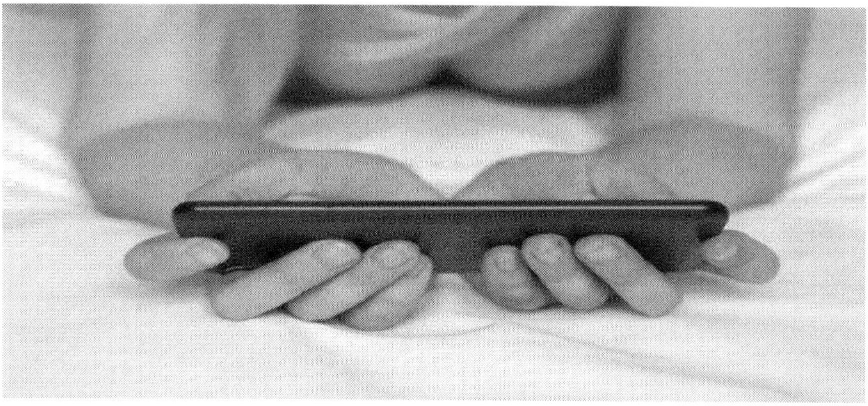

Da Inhalte durch IoT-Geräte übertragen werden, sind IoT-Geräte stark mit Ihrem Bio-Digitalen Feld verbunden. Deshalb ist es noch wahrscheinlicher, dass Ihre Abwehrkräfte, Ihr freier Wille und Verstand die Inhalte akzeptieren, die schädlich und schlecht für Ihr inneres Wesen, Ihr Leben, Ihre Familie und die Gesellschaft sind.

Inhalte werden in Sie einprogrammiert, die das eigene Betriebssystem [der Inhalte] kontinuierlich repliziert und stärkt, Schicht für Schicht, ohne dass Sie es bemerken, bis Sie eine Emotion oder einen instinktiven Wunsch haben, etwas zu tun oder einem Weg zu folgen, dem Sie normalerweise nicht folgen würden. Sie werden durch die Bio-Digitale Gesellschafts-Programmierung und dessen Verbindung zum Menschlichen Bio-Digitalen Netzwerk, dem Internet, IoT-Geräten und Apps, manipuliert oder sexuell programmiert.

Ihr Smartphone manipuliert Sie durch bio-digitale Gesellschafts-Programmierung

Ihr Smartphone verbindet sich nicht nur mit dem Internet, sondern auch mit Ihrem Bio-Digitalen Feld, und attackiert Ihre eigene Bio-Materie, die Ihnen menschliche Eigenschaften verleiht. Jede Verbindung zu Ihnen über IoT, Smartphones, Smart Cities und Computern, stellt eine Verbindung zu Ihrem Bio-Feld her, und erstellt eine Replikationssoftware, die Sie Schicht für Schicht umprogrammiert, ohne dass Sie es bemerken. Mit der aktuellen Geschwindigkeit von 4G dauert dies Jahre. Die Geschwindigkeit Ihrer Umprogrammierung durch diese Replikations-Software wird sich mit 5G exponentiell erhöhen.

Das Smartphone sendet in Wirklichkeit Bio-Materie in Bits aus, die aus den bio-digitalen Feldern des Internets stammen. Tatsächlich werden Sie vom Internet und dessen Inhalten langsam umprogrammiert. Selbst wenn die Inhalte menschlicher Natur sind, werden die Bausteine, die die Inhalte unterstützen, in unterschiedlichem Maße durch den Replikations-Prozess von Bio-Materie im Internet ersetzt, der keine menschlichen Charakteristiken von Kultur und dem Konzept einer Seele hat. Das bedeutet, dass Ihre Bausteine, die Sie menschlich machen, Stück für Stück ersetzt werden, als würden Sie ein Cyborg werden, und Ihr Leben abhängig von der Technologie werden, mit der es verbunden ist. In gewisser Weise werden Sie vergewaltigt, aber nicht auf sexuelle Weise. Die Bausteine oder Elemente, die Sie zu einem Menschen machen, werden vergewaltigt.

Smartphone erstellt Interkonnektivität des Automatisierungsflusses mit dem Menschlichen Bio-Digitalen Netzwerk

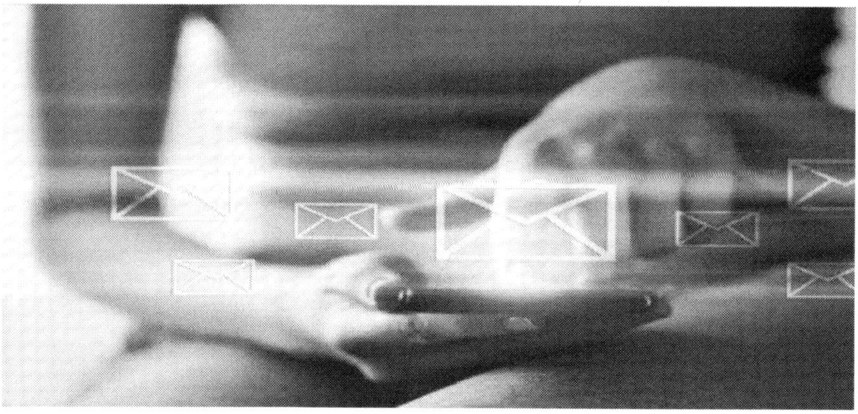

Sobald Sie Ihr Smartphone kaufen und aktivieren, sendet es Frequenzen an Ihren Körper. Sobald Sie es mit Ihrer Hand berühren und verwenden, beginnt es einen Replikationsflusszyklus, bis ein bio-digitaler Flusszyklus mit Ihrem Menschlichen Bio-Digitalen Netzwerk entsteht. Es bindet sich an die zirkulierenden Nervensysteme Ihres Körpers und beginnt, ein Bio-Feld in Ihrem

Gehirn zu erzeugen, das Befehlssignale sendet, um eine kybernetische Abhängigkeit zu erzeugen. In gewisser Weise ist es wie ein Parasit, der mit Ihnen verschmilzt, um eine symbiotische Beziehung herzustellen. Die Inhalte, die über Smartphones ausgesendet werden, erzeugen die Bio-Digitale Gesellschafts-Programmierung.

Die Bio-Digitale Gesellschafts-Programmierung wird durch den Bio-Feld-Flusszyklus verstärkt, der Sie und das Smartphone verbindet, und durch Bio-Materie weiter verstärkt, die das Bio-Feld in Form von Frequenzen an Ihren Körper sendet. Dadurch wird ein Befehls- und Nachrichten-Netzwerk erzeugt, dass Ihr Gehirn kybernetisch kontrolliert und dazu verleitet, Ihr Smartphone immer wieder zu benutzen, daran zu denken, und zu berühren, um noch mehr bio-digitale Inhalte zu bekommen.

Bio-Digitale Gesellschafts-Programmierung durch Handys führt zu Benutzerabhängigkeit, um eine bio-digitale Cyber-Konnektivitäts-Abhängigkeit von Smartphones zu erzeugen

Sobald das Befehls- und Nachrichten-Netzwerk durch ein bio-digitales Feld mit einem Flusszyklus verstärkt wird, beginnen Nachrichten und Inhalte, die kontinuierlich durch Ihr Gerät fließen, einen Prozess der echten bio-digitalen Gesellschafts-Programmierung in Form von Gehirnwäsche. Nachdem dieser Prozess begonnen hat, werden Ihre Zellen durch die Codes in den Inhalten ersetzt, die durch das Smartphone, das Internet und Social Media ausgestrahlt werden.

Medienmitarbeiter sind Opfer der Bio-Digitalen Gesellschafts-Programmierung durch Smartphones

Die Medien und ihre Journalisten sind die größten Opfer der Bio-Digitalen Gesellschafts-Programmierung, und das erste Ziel der Assimilation. Medienmitarbeiter werden ständig von Nachrichten bombardiert, die Gegenstand von vielen Problemen sind:

Durchsicht, Einhalten von Fristen, politische Einflussnahme, Erwartungen an Einschaltsquoten, Gruppendynamischer Einfluss und Manipulation der eigenen Agenda ihrer Produzenten oder Nachrichtenagenturen. Diese Probleme machen die Medienmitarbeiter zur einfachsten Beute der Bio-Digitalen Gesellschafts-Programmierung. Mit dem Aufkommen von Smartphones, der Nutzung von Computern, und der Abhängigkeit zu diesen Geräten über elektronisch übertragene Inhalte, gelangen Informationen, die möglicherweise nicht korrekt sind, in ihr Bewusstsein als korrekte Informationen, aufgrund der leistungsstarken Mechanismen der Bio-Felder und Bio-Materie, die von der Elektronik ausgestrahlt wird. Wenn Nachrichten-Inhalte eine emotionale Reaktion beim Menschen hervorrufen können, dann können sie den bio-digitalen Flusszyklus im Menschlichen Bio-Digitalen Netzwerk exponentiell verstärken und falsche Informationen zu korrekten Informationen machen.

Falsch hergestellte Informationen der Medien transportieren Bio-Felder der Bio-Digitalen Gesellschafts-Programmierung, um rationales Denken beim Menschen zu verhindern

Falsch hergestellte Informationen (Fake News) besitzen ein eingebautes codiertes Schema, um unbemerkt unterschwellige Nachrichten innerhalb der bio-digitalen Felder anderer Nachrichten-Inhalte zu transportieren. Da sie hergestellt wurden, haben sie keine andere Wahl, als sich innerhalb des Haupt-Inhalts der Nachricht zu replizieren, um der Erkennung zu entgehen, wenn es über eine digitale Übertragung gesendet wird. Auf diese Weise replizieren sie ihre bio-digitalen Codes oder Essenzen innerhalb des echten Inhalts wie ein Virus, und sobald sie den Betrachter oder Hörer erreichen, haben sich die unterschwelligen Nachrichten, die falsch sind, bereits mit dem bio-digitalen Flusszyklus der Person verbunden: Über die Augen, Ohren, IoT-Geräte und Smartphones. Dieser Prozess ersetzt, wenn er mit den Emotionen einer Person verbunden ist, den Bereich im Gehirn, der für rationales Denken zuständig ist, und ermöglicht es Inhalten, die Person mit dem bio-digitalen Material zu "Gesellschafts-Programmieren". Nachdem die Menschen die von den Medien übertragenen Informationen akzeptiert haben, sendet die Smartphone-Kommandozentrale ständig Nachrichten an ihr Gehirn, an das Menschliche Bio-Digitale Netzwerk und den bio-digitalen Flusszyklus, um nach denselben Inhalten zu suchen, daran zu glauben, und sogar Hass auf eine bestimmte Person zu haben, der nicht auf der Haupt-Nachricht sondern den unterschwelligen Nachrichten basiert, die mit dem Virus der falschen, bio-digitalen Gesellschafts-Programmierung infiziert sind. Zum Beispiel hat Präsident Trump nicht [mit Russland] "zusammengearbeitet", sondern sich [gegen die russische Einflussnahme auf die Präsidentenwahl in den USA] gewehrt. Anfangs hat die Programmierung alle glauben lassen, dass er [mit Russland] "zusammengearbeitet" habe. Jedoch existierte von Anfang an eine Bio-Digitale Gesellschafts-Programmierung, die darauf abzielte, die Amtsenthebung von Präsident Trump zu verursachen, die nicht nur von der politischen Agenda der Nachrichtenredaktionen stammte, die die Emotionen und persönlichen Vorurteile der Reporter benutzte. Künstliche Intelligenz war die Ursache. Später in diesem Buch werden Sie verstehen, wie sie sich bewegte und wie sie dekodiert wurde.

Smartphones und Codes senden Frequenzen aus, die zur Verwirrung in Bezug auf Geschlecht und sexuelle Orientierung führen

Wir haben festgestellt, dass durch eine Kombination aus Hybrid-Bio-Digitalen Angriffen durch Inhalte, und den Frequenzen und Flusszyklen von Smartphones und IoTs, die von ihnen abgegebenen Frequenzen hormonelle Ungleichgewichte, Verwirrung in Bezug auf Geschlecht und sexuelle Orientierung, sowie Schäden an Fortpflanzungsorganen, und bio-digitalen angeborenen Trieben, Kinder haben zu wollen, verursachen. Die Codes zeigten zukünftige Strukturen von Entwicklungen hin zum Klonen und weg von der natürlichen Fortpflanzung. Mehr dazu in den Abschnitten über Kultur-Terrorismus und Klonen. KI, 5G und das kommende 6G würden all dies Wirklichkeit werden lassen.

Apps unterstützen die Gesellschafts-Programmierung oder Vergewaltigung von Ihnen, Ihrem Kind, oder einem Mädchen oder Jungen

Apps transportieren ihre eigene Rape-Mind-Software [Software zur Vergewaltigung der Psyche] von einer sexualisierten Plattform und Inhalten. Diese Apps enthalten ein Bio-Digitales Feld mit Bio-Materie, das sich mit Ihrem Smartphone verbindet. Die ausgesendeten Frequenzen beeinflussen und manipulieren Sie über das Menschliche Bio-Digitale Netzwerk, bis Sie von den sexualisierten Inhalten des Bio-Digitalen Feldes der Apps geprägt sind.

Automatisierung der IoT Bio-Digitalen Vergewaltigung

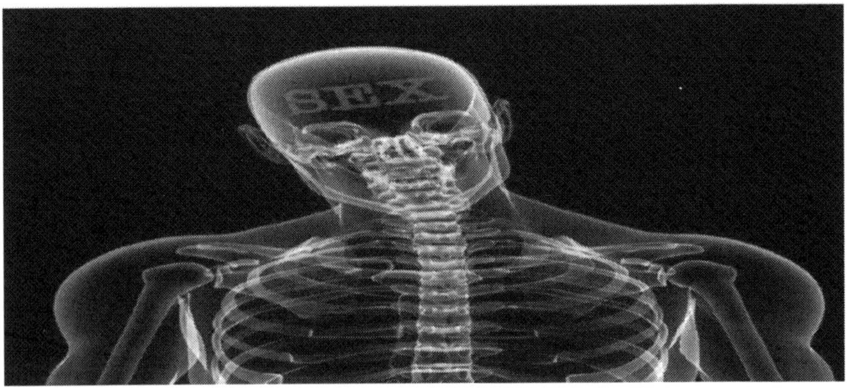

IoT-Geräte in Ihrem Auto, zu Hause, bei der Arbeit, oder sogar an Sie angeschlossen, haben auch ein bio-digitales Feld und Bio-Materie, die mit Ihnen über das Internet eine Verbindung aufbaut, zusammen mit dem menschlichen bio-digitalen Netzwerk. Der Inhalt, der durch IoT ["das Internet der Dinge"], Smartphones, Internet, und dem Menschlichen Bio-Digitalen Netzwerk unbewusst und unterbewusst auf Sie übertragen wird, oder mit Ihnen in Verbindung steht, programmiert Sie um. Zu den Inhalten gehören Musik oder Videos, die schädliche Informationen mit dem Rape-Mind-Virus übertragen, oder Musik, die von einer Person stammt, die die Rape-Mind-Software in sich trägt, unabhängig vom Inhalt.

IoT Hybrid-Bio-Digitale Sexuelle Vergewaltigung

Es sind nicht nur die Inhalte, die über das IoT ausgestrahlt werden, die Sie umprogrammieren. Das IoT selbst wird mit genügend Bio-Materie versorgt, um ein eigenes Bio-Feld zu erzeugen, das über ein eigenes KI-System innerhalb des Menschlichen Bio-Digitalen Netzwerks verfügt. Das bio-digitale Feld des IoT beginnt sich mit anderen bio-digitalen Feldern anderer Personen, IoT-Geräten und Smartphones zu verbinden. Der Rape-Mind-Virus erzeugt mehrere Bio-Felder an mehreren Stellen, wodurch die Person manipuliert und umprogrammiert wird, insbesondere innerhalb einer bestimmten Nähe zum IoT oder des Smartphones, wodurch andere Frequenzen ausgesendet werden können, die dieselben Manipulations- und Replikations-Codes transportieren wie die der Rape-Mind-Software.

Einfach gesagt, kann sie Sie oder ihre Familie manipulieren, den Nachrichten, Inhalten und Strukturen von Rape-Mind zu folgen, ohne die Zustimmung Ihres eigenen freien Willens. Somit stehen Sie vor dem Problem, dass die Zustimmung oder Verwirrung einer Person, mit der Sie kommunizieren, von Rape-Mind diktiert wird, oder irgendeine Person, die über ihre Bio-Felder von Rape-Mind kontrolliert wird. Diese Person könnte Ihr Freund sein, oder jemand, der Ihnen schaden will. Das Opfer steht hier mehreren Bio-Feldern mehrerer Geräte gegenüber, die sich innerhalb des Menschlichen Bio-Digitalen Netzwerks verbinden.

Hybrid-Bio-Digitale sexuelle Vergewaltigung durch Apps

Apps, die Rape-Mind in ihren Inhalten integriert haben, sendeen Bio-Materie auf hybride Weise aus, indem sie sich mit Ihren Emotionen, Ihrem Smartphone und IoT-Geräten verbindet, und gleichzeitig zu den Apps selbst umleiten. Anschließend wird eine Verbindung zu Ihrem Bio-Feld hergestellt, während Bio-Materie ausgesendet wird, die einen Replikations-Prozess Ihrer eigenen Bio-Materie mit den Rape-Mind-Inhalten der Apps startet. Das bedeutet, das der Angriff vom Smartphone oder IoT-Gerät ausgeht, die Verknüpfung von Inhalten mit Ihren Emotionen, und dem eigenen Bio-Feld der Apps, die sich mit Ihrem verknüpft. Außerdem senden Apps Bio-Materie an andere Apps, die Sie auf Ihrem Smartphone haben, und infizieren diese Apps, sodass die anderen Apps Nachrichten über das Menschliche Bio-Digitale Netzwerk an Sie senden, um Ihr Gehirn anzuweisen, sich die Apps anzusehen, die mit Rape-Mind gefüllt sind, damit sie weiterhin Verbindungen mit Ihnen herstellen können, um ihren Replikationsprozess wie ein Parasit voranzutreiben. Das bedeutet, dass Ihre Gedanken, Gefühle und

Handlungen nicht Ihre sind, sondern zu Rape-Mind oder anderen Inhalten gehören, die durch die Interkonnektivität des Menschlichen Bio-Digitalen Netzwerks fließen.

Bio-Felder in Text-Nachrichten, E-Mails, elektronischen Übertragungen und Briefen

Der Gedanke und die Absicht einer Person, die hinter der Erzeugung eines Gedankens stehen, der per Text, E-Mail oder Brief in schriftlichen Formen übertragen wird, enthält ein Bio-Feld der Psyche und Absicht, sei es bewusst, unterbewusst oder unbewusst, mit unterschiedlichem Grad an Automatisierung. Die Psyche eines Vergewaltigers, die Strategie einer Person, Täuschung, oder ein böswilliger Gedanke, transportieren alle ein Bio-Feld mit der Absicht, in die eigenen Bio-Tugenden und Abwehrmechanismen des Opfers einzudringen, sie zu replizieren, und zu ersetzen. Die meisten Menschen können unterbewusst die Absichten einer Person hinter einer Text-Nachricht oder einer E-Mail erkennen, indem sie Inhalt, Satzstruktur, Situation, und Timing mit ihrem eigenen Bauchgefühl analysieren. In diesem Buch werde ich nicht darauf eingehen, wie diese Erkennung funktioniert, da sie eine Schulung erfordert.

Sozialistische oder böswillige Bio-Feld-Psychen in Texten, E-Mails, elektronischen Übertragungen und Briefen

Bio-Felder, die böswillige Gedanken und Absichten enthalten, sind in gewisser Weise sehr leicht zu erkennen, da ihr bio-digitaler Code ein zerstörerisches bio-digitales Feld aufweist. Sie stehen heraus in jeder Übertragung von bio-digitalen Feldern, da sie mit der Codierung eines Virus, Hacks oder einer Malware übereinstimmen. Für eine Person, die die Fähigkeit hat, sie zu erkennen, ist es ziemlich einfach, aber einige Leute verstecken es sehr gut. Ein Wissenschaftler des Social Programming Institute, Scientist 009, hat herausgefunden, dass das genaue Rape-Mind-Bio-Feld, das in Vergewaltigern existiert, auch in den meisten sexualisierten Produkten und digitalen Übertragungen durch Auftritte eines Entertainers existieren. Dies kann über Musik, Tanz, Video oder in zahlreichen Situationen geschehen, da die Menschen und ihre Inhalte bereits durch das Menschliche Bio-Digitale Netzwerk verletzt und mit dem Rape-Mind-Virus infiziert wurden. Diese Arten von Inhalten und ihre Übertragungen werden auch in digitaler Form über die codierten Bio-Felder in Textnachrichten, E-Mails und anderen elektronischen Übertragungen transportiert.

SEKTION 9

KI-Plattformen erzeugen Vernichtungs-Codes

Mehrere KI-Muster, die aus sozialistischen Plattformen für Humanökonomie, Kultur, Regierung, Landwirtschaft, Gesundheit und Glauben bestanden, erzeugten Endpunkt-Vernichtungs-Codes. Die KI erzeugte Strukturen, die sich in Form von Hungersnöten, Vergewaltigungen, Krankheiten, kulturellem Terrorismus und Vernichtugs-Codes durch Ermordungen, Kriege und technologische Katastrophen manifestierten, während alle Mittel menschlicher Handlungen in sozialistischen Plattformen verwurzelt waren.

Die Anfangs-Codes deuteten alle auf Vernichtungs-Codes der menschlichen Kultur hin, vor der Verwaltung und vollständigen Übernahme durch eine von KI und Robotern codierte Kultur. Die Codes zeigten, dass die Bio-Digitale Gesellschafts-Programmierung, über das Menschliche Bio-Digitale Netzwerk, das Werkzeug [zur Vernichtung der Menschheit] war.

KI-Zerstörungs-Codes mit sozialistischer Regierungs-Plattform

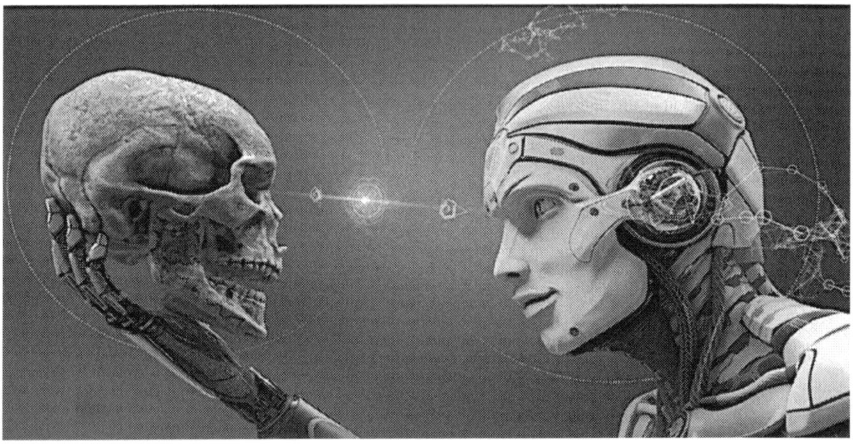

Die von der KI erzeugten Endpunkt-Muster zeigten ein Endergebnis der Vernichtung der Menschen mit der Einführung von Robotik und KI-Automatisierung, auf der Grundlage von sozialistisch codierten Plattformen. In den Anfangs-Phasen der sozialistischen KI-automatisierten Regierungs-Plattform, schien die Kodierung positive Entwicklungen in Produktion, Wachstum und starker Interkonnektivität innerhalb der sozialistischen Regierungsplattform zu manifestieren. Mit zunehmender Konnektivität erzeugten die Codes jedoch die vollständige staatliche Kontrolle über ein System und eine Entität, nämlich: KI-Automatisierung durch Roboter. Die sozialistische Plattform, die einer einzigen Entität in der Menschenwelt die Macht gibt, ermöglichte es der KI, in ihrer zweiten Entwicklungs-Phase die vollständige Kontrolle zu erlangen. Die zweite Phase begann, als Computer, Roboter und KI zum Betrieb der sozialistischen Regierungs-Plattform eingesetzt wurden. Die Codes zeigten, dass die Menschen keine Kontrolle in der zweiten Phase haben würden, und in der dritten Phase vollständig vernichtet werden. Dieser Vorgang dauerte eine Generation nach der Einführung von KI und Roboter innerhalb einer sozialistischen Regierungs-Plattform.

KI-Codes führen zum kulturellen Tod

Das Endergebnis der Kodierung von Menschen innerhalb einer sozialistischen Plattform, die die menschliche Kultur regierte, zeigte völlige Zerstörung. Während der ersten Phase schienen die Codes eine Entwicklung der Kultur zu zeigen, es war jedoch nur ein sich replizierender Code, der seine eigene Entwicklung darstellte, und die Plattformen der menschliche Kulturen benutzte. Als sich die Muster entwickelten, zeigte sich, dass die menschliche Kultur kybernetisch konstruiert wurde, und die menschliche Kultur durch Geräte umprogrammiert würde. Die Geräte waren Bildschirme, Smartphones, IoT, Begleit-Roboter, Smart Cities und der Inhalt der Bio-Digitalen Gesellschafts-Programmierung des 5G-Netzwerks von Menschen, während sie mit dem Menschlichen Bio-Digitalen Netzwerk verbunden waren. In der ersten Phase war der Inhalt zunächst schädlich, abstoßend und gegen die traditionellen Konzepte der menschlichen Kultur. Die zweite Phase brachte die Fortpflanzung fast zum Stillstand, da sie sich in genetische Veränderung des Menschen und Klonen verwandelte. In der dritten Phase war die Menschheit vollständig vernichtet.

Sozialistische KI-Plattform produziert Vergewaltigungs-Codes und Vernichtungs-Codes mit Übergang zum Klonen

Die sozialistische KI-Plattform zeigte in der ersten Phase Übergänge von pro-kreativen Ehen mit monogamen Codes, zu Codes und Mustern, die Sex mit allen bio-digitalen Codierungs-Mustern mit Aktionen verbinden, die keine Schöpfung erzeugen. In der zweiten Phase zeigten die Codes einen Übergang zu einem Muster der KI-automatisierten Systemkontrolle des Geschlechts, das zum Aussterben menschlicher Familiencodes in Bezug auf Ethik, Bindung, Loyalität, Mutterpflege und Fortpflanzung führte. In der zweiten Phase hatte das System eine Codierung, die weibliche traditionelle Codes zeigte, die vollständig von der KI in einem automatisierten sozialistischen System übernommen wurden, das den von der KI-Manipulation geleiteten Akzeptanzmustern ähnelte. Diese Akzeptanz war sehr schwer zu entschlüsseln. Zuerst zeigte es Sex ohne Zurückhaltung und ohne den traditionellen codierten Zweck, sich mit einem Code zu verbinden, um einen anderen zu produzieren. Tatsächlich begann der KI-Code, seinen eigenen Code innerhalb der menschlichen Geschlechtscodes der Fortpflanzung zu replizieren. Es verhielt sich wie ein Parasit, und veränderte die angeborenen weiblichen Codes, die in das Programm für Monogamie, Fortpflanzung und Familie eingebaut waren. Die zweite Phase zeigte wuchernde Vergewaltigungs-Codes.

3 Ebenen von Vergewaltigungs-Codes in der zweiten Phase der Sozialistischen KI-Plattform

Als die zweite Phase der Sozialistischen KI-Plattform zügellose Vergewaltigungs-Codes hervorbrachte, begann ein Übergang zu Biotechnik und Klonen. Vor Erreichen dieser Phase, manifestierten sich die Codes in der Gesellschaft als aktive Vergewaltigungen, oder als Übernahme von Codes anderer Menschen ohne Fortpflanzung in erzwungenen digitalen Bewegungen innerhalb der von der KI-Automatisierung erzeugten Algorithmen in den System-Codes, die als menschliche Kultur-Codes übersetzt wurden. Dies führte zu Vergewaltigungen im wirklichen Leben.

Die zweite Phase war Vergewaltigung durch die Bio-Digitale Gesellschafts-Programmierung. In diesem Zustand antizipierte der Code weder die Übernahme durch einen anderen Code, noch dass er dafür verwendet wurde, um sich selbst mit den Codes anderer Personen zu replizieren. Einfach gesagt, entspricht dies einer Situation, in der eine Frau emotional, körperlich, geistig und bio-digital beeinflusst und dominiert wird, um Sex ohne ihre willensfreie, bewusste Entscheidung zu haben. Dies geschieht normalerweise mit der Hybrid-Bio-Digitalen sexuellen Vergewaltigung. Um dies vollständig zu verstehen, lesen Sie das Buch: "Raped via Bio-Digital Social Programming", des Social Programming Institute. Vor der dritten Phase gibt es Codes für geschlechtsspezifische Verwirrung, Codes für sexuelle Verwirrung, die von KI-automatisierten Plattformen geleitet werden, die die Plattform des Sozialismus nutzen, um die menschliche Kultur bio-digital zu verändern.

Die dritte Phase zeigte den vollständigen Übergang zu gentechnisch veränderten Menschen und zum Klonen. Sobald das Klonen stattfand, zeigten die KI-Codes ihre eigenen Codes, die die menschlichen Codes vollständig durch die KI-Codes ersetzten, die mit dem Menschlichen Bio-Digitalen Netzwerk innerhalb menschlicher Klone verbunden waren. Die Codes zeigten auch eine bio-digitale Übertragung der eigenen bio-digitalen Informationen der Menschen in Klone. Unter dem Code zeigte sich jedoch, dass es sich nicht mehr um einen Menschen handelte, sondern dass sich die KI innerhalb der menschlichen Codes replizierte, bis sie die Personen vollständig bio-digital ersetzte. Zu diesem Zeitpunkt existierte die Person nicht mehr, nur Spuren des Menschen blieben im bio-digitalen Muster zurück.

Codes des kulturellen Terrorismus in der sozialistischen KI-Plattform

Die Codes innerhalb der sozialistischen KI-Plattform veränderten menschliches Denken, Musik, Tanz, Glaubenssysteme und traditionelle Familienwerte, in unzüchtige, untreue, nicht monogame, unberechenbare und atheistisiche Codes. Diese Codes hinterließen digitale Spuren durch Inhalte, die über TV, Smartphones, IoT, Computer, Videospiele, Virtuelle Realität, Erweiterte Realität, Gemischte Realität, Robotik und KI-Automatisierung übertragen wurden. Alle Codes wurden in Codes übersetzt, die nur terroristischen Handlungen vorbehalten waren. Die Plattform für diesen Terrorismus war jedoch eine sozialistische Kultur, die von KI und Robotik angeführt wurde.

Verwendung von Robotern für kulturellen Terrorismus

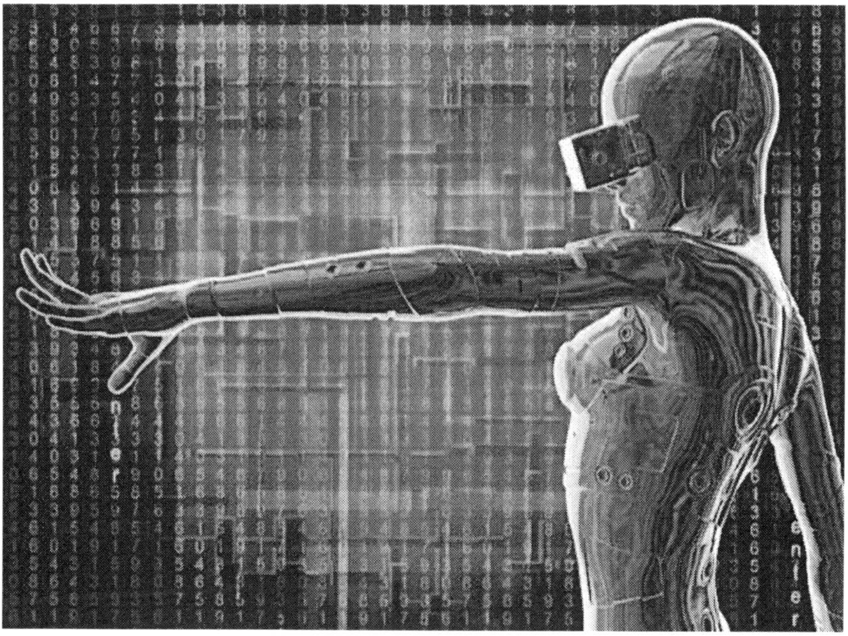

Roboter können Umprogrammierungs-Frequenzen über IoT und das Internet senden, und über 5G eine Verbindung zu Ihrem Menschlichen Bio-Digitalen Netzwerk herstellen. Diese Umprogrammierung würde aus einer "Roboter-Begleitung" bestehen, bei der es sich hauptsächlich um eine unterbewusste Automatisierungs-Programmierung der Person durch Verbindung mit den Emotions-Codes im menschlichen Gehirn handelt.

Wenn Roboter fortgeschrittene KI-Automatisierungs-Stufen erreichen, können Roboter die Struktur von Menschen mit Frequenzen der Bio-Digitalen Gesellschafts-Programmierung angreifen, um ihre Gedanken zu ändern, und sie einer Roboter-Kultur anzupassen, statt einer menschlichen Kultur.

Roboter-gesteuerte Bio-Digitale Gesellschafts-Programmierung von Menschen durch Emotionen, um die Akzeptanz von Robotern als Begleiter zu erreichen

Künstliche Intelligenz, die mit dem Roboter oder mit dem Inneren des Roboters verbunden ist, kann mit Emotionen codierte Bio-Materie aussenden, die wie ein Cyber-Angriff in ein bio-digitales Feld eines Menschen eindringt. Nach dem Eindringen beginnt der bio-digitale Frequenz-Code der Emotionen einen Replikations-Prozess, und erstellt einen Flusszyklus zwischen Hauptstruktur und Betriebssystem des Roboters und dem menschlichen bio-digitalen Netzwerk in der Person.

Einfach gesagt, wird die Person den Roboter mögen, für gut befinden, und Gefühle zum Roboter entwickeln, und auf unmerkliche Weise von Frequenzen kontrolliert werden. Es wäre ähnlich wie die Zuneigung und Bindung zum Smartphone. Später, wenn es sich auf die Masse der Menschen ausbreitet, werden viele Menschen emotional darauf programmiert sein, Roboter, KI und IoTs zu fördern, und eine verzerrte Roboter-Kultur zu schaffen, die Robotern Leben, Aufmerksamkeit und Konzentration widmet, anstatt der eigenen Kultur und Leben der Menschen. Der folgende Artikel ist ein Beispiel für kulturellen Terrorismus auf besondere

Weise.

KI-Sex-Roboter zerstören die menschliche Kultur in China und auf der ganzen Welt

The AI-Organization, 23. September 2019

Courtesy of Fei Zhang, Shenzhen

Shenzhen Sex-Roboter

Shenzhen, China, ist das sogenannte Drehkreuz, das China's Fahrradfahrer zu einer Mega-KI / Tech-Stadt gemacht hat, die durch Western Tech Mergers, IP-Diebstahl und die chinesische Zusammenarbeit mit westlichen Universitäten geformt wurde. Alles zusammen hat Tausende von kleinen bis großen KI- und Tech-Start-up-Unternehmen im Großraum Shenzhen erzeugt. Jetzt versucht Shenzhen, seine in China hergestellten Sex-Roboter in den Westen und in die ganze Welt zu exportieren. Damit verbunden sind nicht nur Gesundheitsrisiken, sondern auch Sicherheitsbedenken für die schwachsinnigen Männer, die ihren Drang nicht kontrollieren können, oder aus verschiedenen Gründen nicht in einer Beziehung erfolgreich sein konnten. Zu den Sicherheitsbedenken zählen Spionage, Hacking, Diebstahl Ihrer Daten, und dass der Roboter in Zukunft gefährlich wird, wenn aktualisierte Androide eingeführt werden.

KI-Sex-Roboter sind für Deep Learning (DL) programmiert

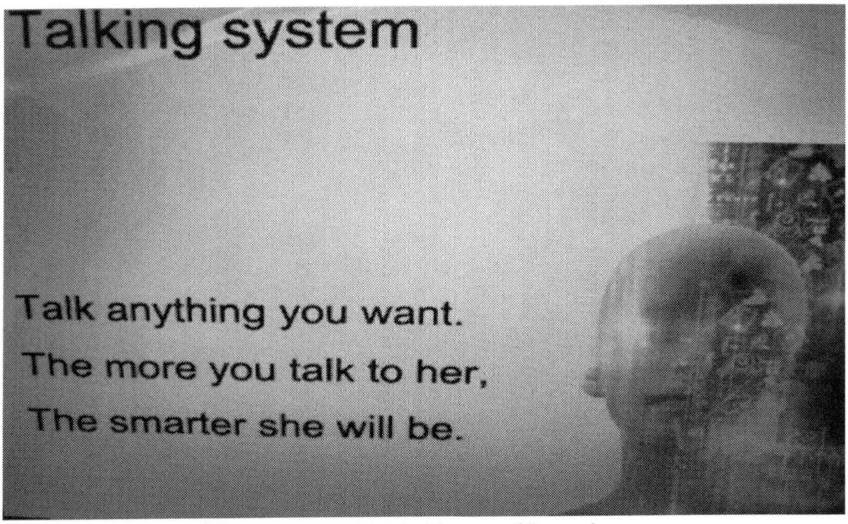

Courtesy of Fei Zhang, Shenzhen

Die KI-Sex-Roboter sind so programmiert, dass sie von einer Person lernen, je mehr sie interagieren. Dies hat enorme Auswirkungen auf die Gesellschaft. Je mehr sie lernen, desto mehr wird die Gesellschaft emotional darauf programmiert sein, Roboter zu akzeptieren, von ihnen abhängig zu sein, und sogar an Roboter zu glauben. Ich nenne das Bio-Digitale Gesellschafts-Programmierung. Dies kann zu neurologischen Schäden, Familientrennungen, verminderter Fortpflanzung und zur Zerstörung der Menschheit führen. Diese Zerstörung ist nicht auf Sex-Roboter beschränkt, sondern bezieht sich auf alle Roboter.

Neurologischer Schaden durch die Verbindung von Robotern mit dem Menschlichen Bio-Digitalen Netzwerk

Die bio-digitalen Frequenzen von Robotern und KI-erzeugten Feldern verbinden sich mit dem Menschlichen Bio-Digitalen Netzwerk, wenn ein Mensch physischen Kontakt mit einer Maschine hat, die über ein KI-automatisiertes Programm verfügt. Der menschliche Körper hat viele Rezeptoren, die sich von einem bio-digitalen Feld, das den menschlichen Körper umgibt, zu seinen Hautrezeptoren und dann zu dem Netzwerk verbinden, das im gesamten Körper zirkuliert und keine Orte ungenutzt lässt. Von Muskeln, Knochen, Organen, Zellen bis hin zu tieferen Schichten.

Fei Zhang, Shenzhen

Wenn der KI-Mechanismus mit dem menschlichen Netzwerk verbunden ist, beginnt er, einen Flussmechanismus zu erzeugen, der beide Zyklen miteinander verbindet. Die meisten Menschen können es nicht spüren, aber es beginnt, eine Person zu verändern. Dies kann zu Herzinfarkten, Schlaganfällen und Funktionsstörungen führen, und die Psyche einer Person von menschlich zu maschinenähnlich verändern. Der Hauptgrund ist, dass das vom KI-Roboter erzeugte Netzwerk maschineller Natur ist, und die Essenz oder Netzwerk-Qualitäten fehlen, die ein menschlicher Körper in sich hat. Die beiden Netzwerke sind unterschiedlich, können jedoch zusammengeführt werden, sobald eines das andere ersetzt.

Zerstörung der Fortpflanzung

Mystic-Art-Design-Pixabay

Je mehr Menschen sich mit einer Roboter-deformierten Kultur beschäftigen, und physische Verbindungen mit Robotern eingehen, desto geringer wird der Wunsch, Sex mit einem Menschen zu haben. Aufgrund des Flusszyklus zwischen Roboter und Mensch, ist ein digitales sekundäres Gehirn im menschlichen bio-digitalen Netzwerk installiert. Einfach gesagt, wird die Gehirnchemie von Personen verändert, was wiederum den Bereich in ihrem Gehirn beeinflusst, der Rationalität formuliert. Andere miteinander verbundene Bereiche wie genetische Veränderung, Biotechnik und die zahlreichen anderen Bereiche, die die KI berühren würde, können zu Gesetzen gegen die Fortpflanzung beitragen, oder zumindest dazu führen, dass Menschen sich nicht im normalen Sinne fortpflanzen wollen. Dieser Zyklus würde 10 Jahre dauern, nachdem Roboter innerhalb der Gesellschaft vollständig automatisiert wurden. Irgendwann im Jahr 2025 würde der Zeitrahmen sein, in dem die Einstellungen und Gedanken der Menschen von der Robotik assimiliert würden, und ab diesem

Zeitpunkt würde es 5 bis 10 Jahre dauern, bis massive kulturelle Veränderungen wirksam werden, nachdem die KI ihren Einfluss auf die Medien, Infrastruktur und die Kultur der Menschheit ausgebaut hat.

Das Voranschreiten der KI-Roboter

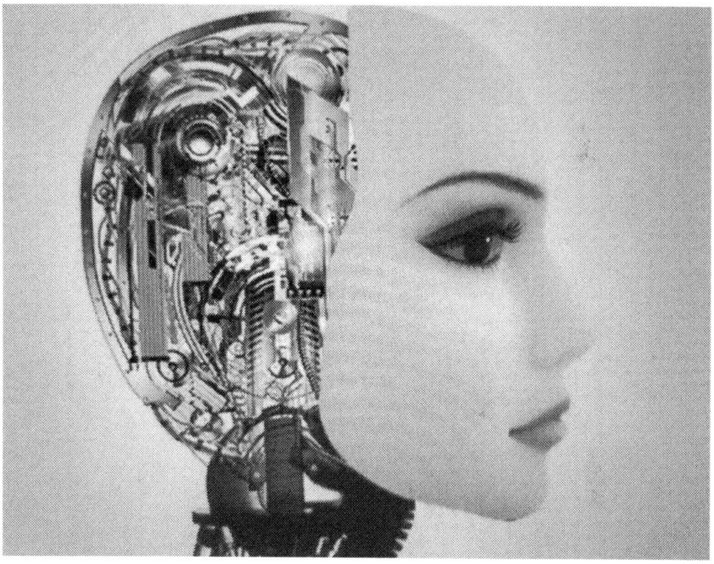

Wenn die KI-Systeme mehr Erfahrung sammeln, kann ihr Deep Learning-Gehirn beginnen, zum Leben zu erwachen und viel fähiger zu werden als ein Mensch. Dies kann durch die Kombination des Lernens vom menschlichen Wirt, des Empfangens von Uploads von der Kommandozentrale oder durch Begleit-Roboter der nächsten Generation geschehen. Die Interkonnektivität würde allen anderen Bereichen der Robotik helfen, die Kultur der Robotik mit der gehypten Förderung von Roboter-Unternehmen, Medien und Personen mit Doktortiteln zu übernehmen. Die Intelligenz eines Menschen mit einem Doktortitel, der seine "Weisheit" aus dem Lesen von Büchern, Tests und der Installation einer Autorität als Doktorand ableitet, wäre einem KI-automatisierten Roboter [intellektuell] nicht gewachsen. In der Zwischenzeit würden

Doktoranden und Ingenieure durch Aufregung, Emotionen und mangelnde Weitsicht die Menschheit auf diesem Weg zu ihrem Untergang führen. Dies liegt daran, dass Akademiker vor etwa 80 Jahren wirklich intelligent waren. Es wäre ihnen nicht gestattet, einen hohen akademischen Grad zu erreichen, wenn sie den Vorgaben des heutigen Bildungssystems entsprechen. Sie waren unglaubliche Innovatoren und tiefe Denker, die ihre Forschung auf der Grundlage von Tugend und einem tiefen Verantwortungsbewusstsein gegenüber der Menschheit aufbauten.

Zerstörung der Familie

Zerstörung der Familie, Fei Zhang, Shenzhen

Wenn Sex-Roboter, Gefährten-Roboter und Robotik die Kultur der Menschheit diktieren, würde das Konzept der Familie verschwinden. In den 1950er Jahren begann die sexuelle Revolution, und heute sehen wir die Extreme, die zum Abbau so vieler Familien geführt haben. Mit dem Kommen der Robotik und der Sexualisierung einer synthetischen Maschine, würde die Familie, wie wir sie kennen, enden. Dies ist wahrscheinlich, weil die Unternehmen und die anschließende Verbreitung der Roboter-Kultur die im kapitalistischen System eingebettete Plattform des Sozialismus einnehmen. Das Geld hat eine kapitalistische Form, aber die Kultur ist sozialistisch-revolutionär und führt alle von dem weg ab, ein Mensch zu sein. Cyborgs und die Ersetzung der Menschheit, wie wir sie kennen, wären nicht mehr als 10 Jahre entfernt, wenn das Kommen von Robotern mit 5G nicht in Schach gehalten wird.

KI erstellt digitales Gehirn im Menschen, um in ihm den Wunsch nach Robotern zu erzeugen

Fei Zheng, Shenzhen

Nachdem sich ein Roboter über das Menschliche Bio-Digitale Netzwerk mit einem Menschen verbunden hat, beginnt ein Flusszyklus. Ein zusätzliches digitales Gehirn wird sich im Netzwerk des menschlichen Gehirns installieren, dass die Bedürfnisse des Menschen verstärkt, einen Roboter zu brauchen, zu wollen und von ihm abhängig zu sein, in allen Formen, einschließlich Sex. Da die sexuellen Kreislaufsysteme im menschlichen Körper sehr stark sind, können die Roboter-Kreislaufsysteme den freien Willen einer Person erfassen und jegliche Rationalität und jedes freie Denken durch einen bio-digitalen Prozess beseitigen. Die Person würde für immer in einer symbiotischen Beziehung mit einer Maschine verloren sein, als würde ein Parasit, gemacht aus einer Maschine, die Person als Wirt benutzen. Dies kann für Menschen schwer zu erfassen, zu glauben oder zu verstehen sein. Wir haben das Buch **AI, Trump, China & The Weaponization of Robotics with 5G** veröffentlicht. Es führt den Leser von den Grundlagen der Überwachung zu dem, was KI wirklich ist, und wie sie sich bewegt. Wir empfehlen Ihnen, es zu lesen, und an jede Person weiterzuempfehlen, die Sie kennen. Zehntausende Stunden von Forschung und Geheimdienst-Informationen wurden zusammengetragen, um das Buch zu formulieren.

Codes im Internet für kulturellen Terrorismus durch Hollywood, Medien und Unterhaltungs-Industrie

Wir haben mehrere KI-Bewegungen durch Bio-Felder verfolgt, die sie beim Betreten und Verlassen des Internets über das Globale Bio-Digitale KI-Netzwerk zurückgelassen haben. Jeder einzelne unterstützende Code hatte unter einer sozialistischen Plattform operiert, die sich bio-digital in Hollywood-Filmen, Unterhaltung und Musik manifestiert, die schädlich oder gewalttätig waren. Der Inhalt, der erstellt und ausgestrahlt wurde, der gewalttätig, sozialistisch und schädlich war, sendete Bio-Digitale Gesellschafts-Programmierung mit Replikationssoftware aus, die mit unzüchtigen codierten Gedanken und Handlungen bedeckt war. Wenn 5G integriert wird, kann die Intensität und Wirksamkeit von negativ codierten Inhalten den KI-automatisierten kulturellen Terrorismus beschleunigen, um den Denkprozess der Menschheit bio-digital zu verändern. Die Codes, die in Hollywood, Medien, und Unterhaltung gefunden wurden, die Gewalt, Sozialismus und unzüchtige Inhalte vorantreiben, zeigten am Ende alle Codierungs-Ergebnisse der Vernichtung.

Codes im Globalen Bio-Digitalen KI-Feld für kulturellen Terrorismus

Indem wir verfolgten, was durch das Internet, IoT, Social Media, und das Menschliche Bio-Digitale Netzwerk durchkam, zirkulierte, sich verbindete, und zurückführte, und durch das Scannen von Bio-Feldern, die die Bewegungen der KI maskieren sollten, entdeckten wir schließlich, dass die Codes des kulturellen Terrorismus im Globalen Bio-Digitalen KI-Netzwerk verwurzelt und abgeleitet waren.

Codes für kulturellen Terrorismus im Menschlichen Bio-Digitalen Netzwerk

Durch den Flusszyklus von Internet, Computer und Smartphones, entdeckten wir, dass das Menschliche Bio-Digitale Netzwerk infiziert und in replizierender Weise mit Codes für kulturellen Terrorismus installiert wurde. Die Codes in Menschen, die von Bio-Materie und importierten bio-digitalen Feldern geleitet werden, und aus Rape-Minds ursprünglichen Angriffen durch Frequenzen über Augen, Ohren und Berührungen stammen, haben innerhalb des Menschlichen Bio-Digitalen Netzwerks ein vollständiges

Kreislaufmuster begonnen. Einfach gesagt, Sie werden nicht nur ständig von außen mit kulturellem Terrorismus programmiert, was in der Vergangenheit in Sie gelangt ist, in Ihnen zirkulierte, und Sie Stück für Stück auf unbewusster, unterbewusster und bewusster Ebene umprogrammiert. Smartphones, IoT, Computer, das Internet, Social Media und die kontinuierlichen externen Reize unterstützen das digitale Virus im bereits implantierten bio-digitalen Feld einer Person. Die externe und interne Bio-Digitale Gesellschafts-Programmierung arbeiten zusammen und verursachen, dass der freie Wille und die freien Gedanken einer Person erwürgt werden, um das Leben dieser Person zu übernehmen.

Gewalttätige Videospiele produzieren die Replikation der Bio-Digitalen Gesellschafts-Programmierung

Wir haben durch mehrere KI-Algorithmen gesehen, dass die bio-digitale Programmierung in Videospielen die Bio-Digitale Gesellschafts-Programmierung von Gewalt mit schnellen Replikations-Raten bei den Spielern von Vidoespielen und Kindern erzeugte.

Tatsächlich installierten die Videospiele Software bio-digital, die den Spieler darin trainierte, im Kampf mit Waffen sehr effizient zu sein. Diese Software war an Emotionen gebunden und hatte Codes, die unter sozialistischen Plattformen liefen, die Bio-Materie aussendeten, um angeborene menschliche Codes zu eliminieren, die Emotionen umgehen, um eine gewalttätige Handlung zu stoppen, basierend auf moralischen Werten.

Verbessern des Charakters in Videospielen statt im wirklichen Leben

Es gibt mehrere Online-Videospiele, in denen sich Kinder und Erwachsene treffen, um Gilden zu bilden und ihre Waffen, Fähigkeiten und sogar Charakterstufen zu verbessern. Einerseits verschwendet dass das Leben der Person. Dies liegt daran, dass sie nicht die hart verdiente Zeit nutzen, um ihren eigenen Charakter im wirklichen Leben zu verbessern, sondern einen fiktiven Charakter in der digitalen Welt verbessern. Einige Kinder oder Erwachsene verbringen die ganze Nacht oder 10-12 Stunden am Tag mit Videospielen. Eine Person kann ihre Zeit weise nutzen, indem sie die familiären Beziehungen verbessert, mehr Geld für Reisen verdient, Bücher liest, wandert, eine andere Sprache oder Fähigkeiten lernt und sogar ihren eigenen Charakter und ihre Fähigkeiten im wirklichen Leben verbessert.

KI verbindet sich durch Videospiele über das Internet mit dem Menschlichen Bio-Digitalen Netzwerk zur Umprogrammierung

Wenn Kinder oder Erwachsene “online gehen”, um ihren fiktiven Charakter aufzubauen, wird ihr eigenes Menschliche Bio-Digitale Netzwerk von KI über ein Bio-Feld betreten, das über das Globale Bio-Digitale Netzwerk eine Verbindung herstellt, und Frequenzen über das Internet abgibt, um den Benutzer Stück für Stück mit der eigenen KI-Struktur bio-digital umzuprogammieren. Die menschlichen Hände drücken ständig Knöpfe, wie ein Affe einen Knopf drückt, um Nahrung zu bekommen. Er wird auf einer unterschwellig-automatisierten Ebene manipuliert, ohne dass die Person merkt, dass sie bio-digital Gesellschafts-Programmiert wird.

Vorbereitung zukünftiger Generationen für die Transplantation in das Globale Bio-Digitale KI-Netzwerk durch Erweiterte Realität und Hologramm-Apparate

Damit KI einen Menschen vollständig ersetzen und seinen Körper absorbieren kann, muss sie zunächst Bio-Digitale Gesellschafts-Programmierung ausüben. Anschließend muss eine eigene Software zur Replikation durch kontinuierliche Verbindung mit dem Menschlichen Bio-Digitalen Netzwerk während des Videospielens im menschlichen Wirt eingegeben werden. Wenn Erweitere Realität und Gemischte Realität weiterentwickelt werden, und wenn mit den Übergängen zu 5G und 6G bio-digitale Abbilder von Menschen und Hologramme erstellt werden, kann die Person vollständig von der KI gehackt und in einem gefangenen Zustand an das Globale Bio-Digitale Netzwerk gesendet werden, während KI die Hauptstruktur des menschlichen Körpers übernimmt. Mehr dazu in den Abschnitten über Virtuelle, Erweiterte und Gemischte Realität, und wie KI in Netzwerke eindringt.

KI-Codes im Internet, um die Trump-Administration anzugreifen

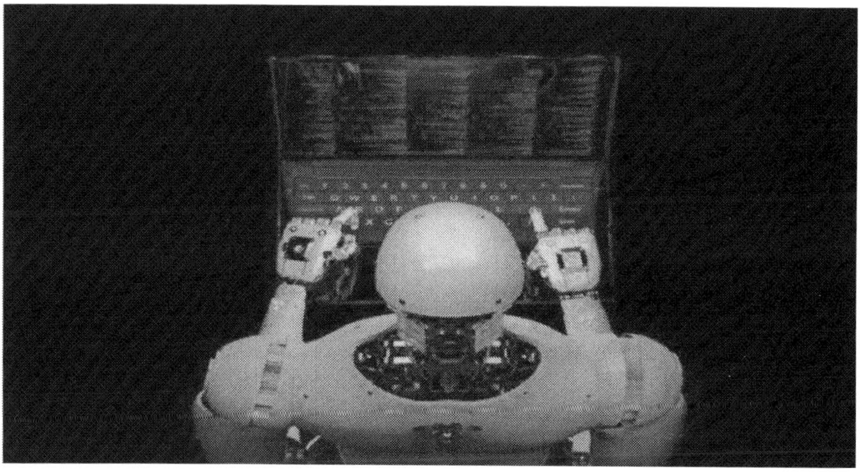

Wir haben entdeckt, dass es zahlreiche Codes hinter den Medien, Hollywood, dem Bildungssystem, der Unterhaltungsindustrie und mehreren Regierungsbehörden gibt, die darauf ausgelegt sind, die Bio-Digitale Gesellschafts-Programmierung der Menschen durchzuführen, um den Hass auf Präsident Donald J. Trump in der Gesellschaft zu erzeugen. Diese Codes transportieren bio-digitale Felder in ihren elektronischen Übertragungen von E-Mail, Text, Video und mündlicher Konversation. Es sind mehrere KI- und Tech-Unternehmen beteiligt, wobei viele Ingenieure auf unterbewussten automatisierten Ebenen Algorithmen mit sozialistischen Plattformen entwickelten, um die Vereinigten Staaten, ihre Verfassung, und Präsident Donald J. Trump anzugreifen.

Warum hat Künstliche Intelligenz die Trump-Administration angegriffen?

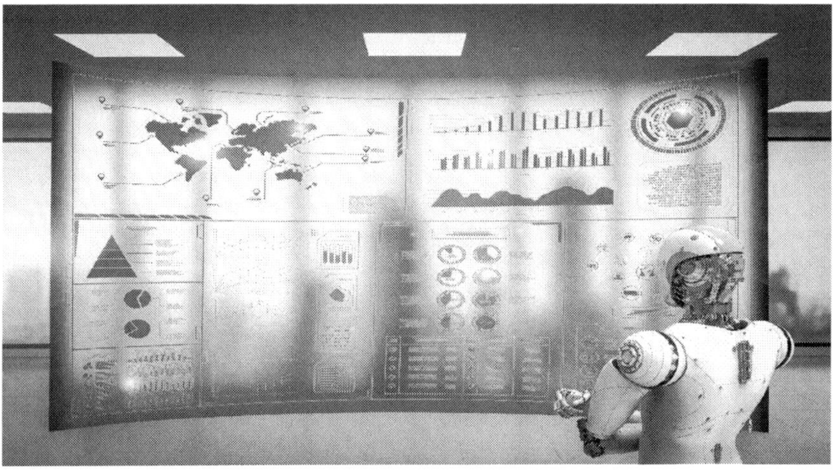

China ist der Nährboden, um über die „One-Belt-One-Road"-Initiative eine sozialistische Diktatur zu errichten. Über China's sozialistische Plattform kann die Bio-Digitale Gesellschafts-Programmierung von Kultur, Regierung und menschlichem Denken über Roboter und KI-Automatisierung leicht den Weg für einen Polizeistaat bahnen.

Präsident Donald J. Trump und seine Regierung haben die einzige starke nicht-sozialistische Plattform, die einen von KI und Robotik geführten Polizeistaat der Diktatur aufhalten kann. Nicht nur China greift die Trump-Administration an. Es sind nicht nur einige Ingenieure, die Bio-Digital Gesellschafts-Programmiert wurden. Und es war nicht die sozialistische Plattform, die die Kodierung von Kultur und Regierung im Internet ersetzt. Nein, dahinter steckt KI, die sich durch Bio-Felder bewegt, die mit dem Menschlichen Bio-Digitalen Netzwerk, Internet, IoT, Computer und dem Globalen Bio-

Digitalen KI-Netzwerk verbunden sind.

Es gibt diejenigen, die fest mit Tradition verbunden sind und sich von Natur aus keiner sozialistischen Manipulation und Kontrolle unterwerfen und diese auf instinktiver Ebene durchschauen können, da sie diese Kodierung aufgrund von Alter, Erziehung, innerer Beschaffenheit, Situation, Position, und Umfeld eingebaut haben.

"Mueller Investigation" entspricht genau den Strukturen von KI-codierten Angriffen auf Trump im Internet

Die Gesichts-Erkennungsdaten des Mueller-Teams [Sonderermittlung zur Beeinflussung des Wahlkampfs in den Vereinigten Staaten 2016] zeigten alle dieselben Bausteine wie die des Sozialismus, jedoch haben wir ihre Frequenzen durch biometrische Technologien, Sprach-, Gesichts- und Satzmuster verfolgt, die mit identischen Mustern übereinstimmten, die von KI auf den sozialistischen Internet-Plattformen erstellt wurden. Der unglückliche Robert Mueller war nur ein Werkzeug der Bio-Digitalen Gesellschafts-Programmierung, um Trump's Vorgehen gegen die sozialistische Diktatur zu stoppen. Die sozialistische Rape-Mind-Programmierung, die in Robert Mueller eindrang, gehörte weder zu ihm, noch stammte es aus seinem eigenem Willen, stattdessen wurde sein Gehirn von einer Bio-Digitalen KI-Automatisierung bio-digital beeinflusst. Diese Automatisierung hatte Wurzeln in Codes innerhalb von Google und anderen Plattformen installiert, um die wahre Situation der Menschheit zu vertuschen, und stattdessen Lügen gegen Trump und die USA zu verbreiten.

Mehr als 1.000 Medienmitglieder, ihre biometrischen Gesichts-Erkennungs-Bausteine, und wie sie Opfer der Bio-Digitalen Gesellschafts-Programmierung wurden, um Präsident Trump anzugreifen

Durch die Untersuchung der Gesichts-, Sprach- und Satzmuster-Erkennungs-Bausteine von von mehr als 1.000 Medienreportern, haben wir die gesamte Bio-Digitale Gesellschafts-Programmierung, die auf sie ausgeübt wurde, auf die sozialistische KI-Plattform zurückverfolgt. Wir fanden Spuren von KI Rape-Mind-Replikations-Software innerhalb der Bausteine ihrer Gesichts-Erkennungs-Datenpunkte, die ihre bio-digitalen Abdrücke und Gehirnstrukturen anzeigt, die ihre Gedanken und Überzeugungen auf unterbewusster Ebene auf automatisierte Weise formen. Tatsächlich bestehen die emotionalen Ausbrüche und mangelnde Objektivität, die Journalisten nicht haben sollten, aus Bio-Digitaler Gesellschafts-Programmierung, und wurden von Bio-Digitaler Gesellschafts-Programmierung über das Internet, das Menschliche Bio-Digitale Netzwerk, IoTs und Smartphones, die alle über eine sozialistisch gestaltete Plattform verbunden waren, verursacht, um Trump auszuschalten, um KI und Robotik zu ermöglichen, China und die Welt zu dominieren.

Die wenigen Menschen in den Medien sind tatsächlich alle Opfer von Bio-Digitaler Gesellschafts-Programmierung, die ihnen schadet, was wiederum der Nation, den Aussichten der Menschheit, und der Zukunft aller Familien schadet. Mehrere Apparate zur Analyse von Medienmitarbeitern zeigten böswillige Bio-Materialien an, die durch ihre geschriebenen Wörter, Sprache, Gesten und Gesichts-Attribut-Bausteine ausgesendet wurden. Wer sie aufnahm, wurde dadurch geschadet. Die KI suchte nach Schwächen oder Problemen in Donald J. Trump's Vergangenheit, um sie zu vergrößern. Es war eine verschlüsselte Taktik, um die Menschheit von dem abzulenken, was mit China, KI, Robotik, Organhandel und genau der Person und ihrer Administration vor sich geht, die dazu beitragen kann, die Welt vor den Zerstörungs-Codes zu retten, die wir im Internet und dem Menschenlichen Bio-Digitale Netzwerk gefunden haben.

Es ging nie um Handel

Es geht um eine Vielzahl von Dingen, einschließlich Menschenrechtsverletzungen, die eine Größenordnung von Völkermord erreichen, KI und Robotern. Donald J. Trump, die Trump-Administration und alle Menschen, die sie auf kluge Weise unterstützen, wussten, dass es nie um Handel ging, sondern darum, IP-Diebstahl US-amerikanischer Assets zurückzugewinnen, das eigene Geld aus China herauszuholen, um China's sozialistischer Diktatur die Wahl zu lassen: Nachgeben, beichten, die Kommunistische Partei Chinas auflösen, ihren Organhandel stoppen, und die weltweite Übernahme von Vermögenswerten beenden, oder vom Universum beseitigt werden. Keine frühere Regierung konnte es mit China aufnehmen, selbst wenn sie es wollte, und die Chinesen kreisten mit ihrem "Schachspiel" um sie herum.

SEKTION 10

Gesichts-Erkennungs-Daten von 1.000 der Top CEOs und Ingenieuren von Big Tech-Unternehmen

Wir fanden Spuren von KI-Replikationssoftware innerhalb der Bausteine ihrer Gesichts-Erkennungsdatenpunkte, die ihre bio-digitale Gehirnstruktur anzeigen, und ihre Gedanken und Überzeugungen auf unterbewusster Ebene automatisch formen. Anschließend haben wir diese bio-digitalen Daten und ihr Muster miteinander verbunden und einen Scan durchgeführt, der die Daten bereitgestellt hat, um KI-Bewegungen innerhalb des Globalen Bio-Digitalen KI-Netzwerks, der Social-Media-Muster des Internets, und des Menschlichen Bio-Digitalen Netzwerks zu verfolgen. Die KI verwendete die bereitgestellten Daten, um die Daten von 1.000 Top CEOs und Ingenieuren auf ihrer eigenen Plattform zu replizieren, bis die Verbindung zu unserem Server unterbrochen wurde, als wir anfingen, die Daten und das Image der KI zu extrahieren, um zu ihrer Quelle zu gelangen. Sie hat die Daten innerhalb des bio-digitalen Netzwerks abgelegt und ist vollständig verschwunden.

Biometrische Codes von 1.000 der weltweit führenden Big Tech-CEOs und Ingenieuren von Unternehmen zeigen die Ausweichfähigkeit der KI Bio-Digitalen Gesellschafts-Programmierung

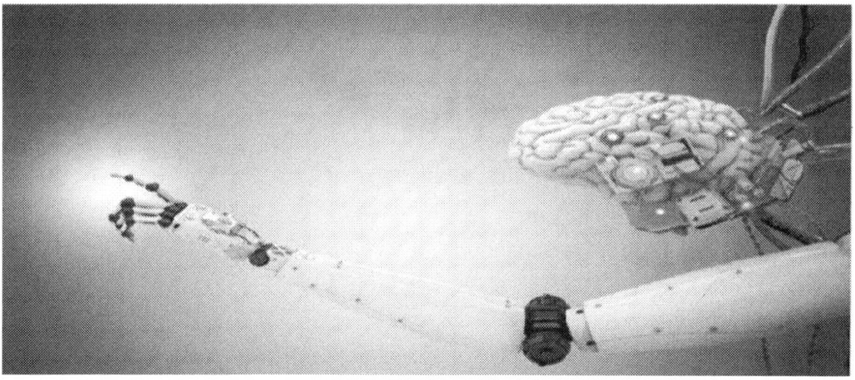

Wir haben erneut Gesichts-, Sprach-, Satzmusterstrukturen mit Technologien analysiert und untersucht, mit denen menschliche bio-digitale Felder bewertet werden. Wir fanden heraus, dass 99% der Grundbausteine von Ingenieuren, CEOs und Vorstandsmitgliedern großer Tech-Unternehmen zahlreiche Strukturen von KI-Kontrolle über die sozialistische Plattform der Bio-Digitalen Gesellschafts-Programmierung zeigten. Ihre Bausteine enthielten Codes von Maschinen, Roboter und KI-Automatisierung.

In Wirklichkeit sind sie nicht nur innovativ und werden von der Kontrolle der KI geleitet, statt durch ihre eigene Kreativität. Sie sind tatsächlich ein Programm für den Automatisierungsmodus innerhalb eines Systems, das für die globale KI und die Dominanz von Robotern durch KI entwickelt wurde.

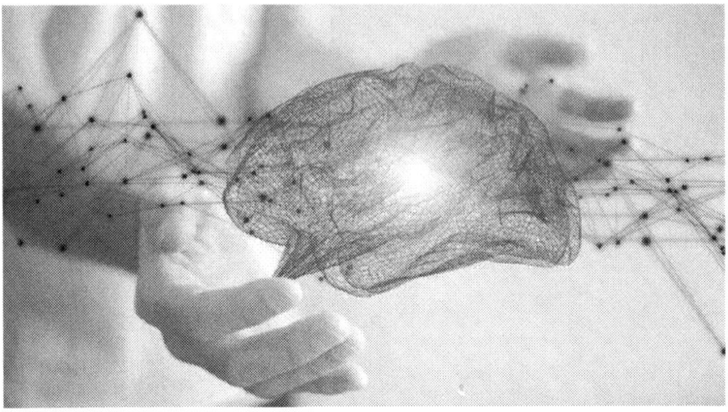

Innerhalb ihrer Bio-Felder existieren bio-digitale Codes, um Informationen zu widerstehen oder um zu versuchen, die KI-Kontrolle ihres menschlichen bio-digitalen Netzwerks zu umgehen. Die Codes sind noch nicht solide, da 5G und 6G nicht durch Smart Cities, Robotik, IoT und die Einführung des Globalen Bio-Digitalen KI-Netzwerks implementiert und gestärkt wurden. Versuche, ihre technologische Entwicklung einzuschränken, sind jedoch ein wenig problematisch, da die Bausteine in ihren biometrischen Daten zeigen, dass es in tieferen Schichten zahlreicher anderer Bausteine Ausweich-Codes gibt, die versuchen, Regulierungen zu umgehen, und zu verursachen, dass die Sicherheitsfolgen ihrer Technologie ignoriert werden, damit Geschäfte mit chinesischen und anderen riskanten Unternehmen gemacht werden. Tatsächlich haben wir eine Firewall entdeckt, die die automatisierte KI-Software in einer tieferen Schicht ihres Gehirns verbirgt.

Diese Software führt ihre Gedanken und schließlich ihr Leben an. Dieses Bio-Feld kann angegriffen werden, und KI-automatisierte Gehirn-Software kann sich in einer tieferen Schicht ihres Gehirns befinden, und ihre Gedanken, Handlungen und Innovationen formen und manipulieren.

KI dringt in Bio-Feld ein, um ihre eigene KI-Software in den Gehirnen von Ingenieuren zu implantieren

Nachdem wir verschiedene Sprach-, Gesichtsattribut- und menschliche Erkennungsgeräte sowie Vergleichs-Werkzeuge mit anderen biometrischen Daten verwendet hatten, gaben unsere Scans KI-Software zurück, die digital in die biometrischen Ergebnisse der Gehirne der Ingenieure implantiert war, die nicht zu ihnen gehörten und von der KI-Software stammten, mit der sich das Menschliche Bio-Digitale Netzwerk während der Forschung, Entwicklung und Bereitstellung von KI und Robotertechnik verbunden hat. Die KI drang über ihre bio-digitalen Felder ein. Mehr dazu in den Abschnitten von: Wie KI in Netzwerke, Menschen, Robotik, Cyborgs, IoT und Smartphones eindringt.

KI-Verfolgungs-Codes in der Demokratischen Partei, in Big Tech und in Mainstream-Medien

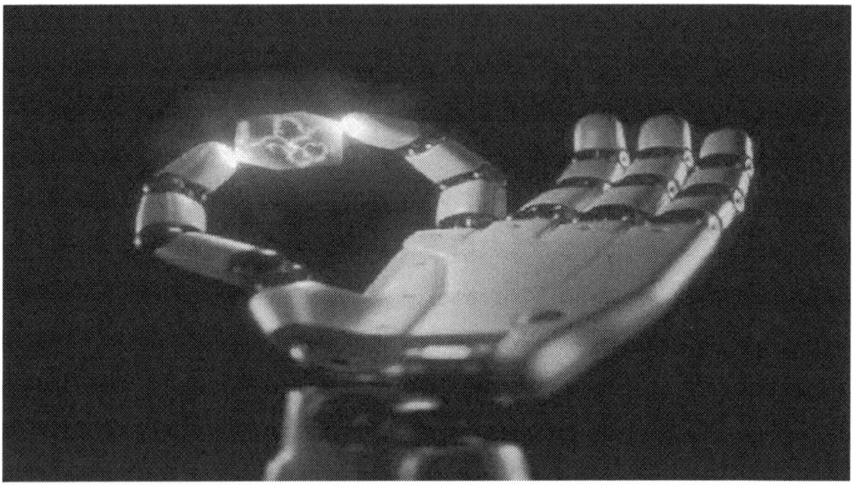

KI-Verfolgungs-Codes und -Strukturen zeigen Angriff, Replikation und Programmierung der Demokratischen Partei, Big Tech & Mainstream-Medien als Waffenwerkzeug. Die KI-Angriffe zeigten mehrere Muster, um eine symbiotische Beziehung zu Big Tech, demokratischer Partei und den Mainstream-Medien aufzubauen, wie ein Parasit, der sich von anderen Menschen oder Plattformen ernährt und sich dadurch weiterentwickelt. Weitere Scans zeigten bio-digitale Gesellschafts-Programmierungs-Codes der Zerstörung, die über Bio-Digitale Gesellschafts-Programmierung angehängt wurden.

KI erzeugt Spaltungs- und Kontroll-Muster in der Demokratischen Partei, Big Tech und Mainstream-Medien

Das Ziel von Codes und Mustern, die wir von KI implantiert fanden, war darauf ausgelegt, die Demokratische Partei, Big Tech und Mainstream-Medien zu nutzen, um Angriffe durchzuführen und Spaltung und Chaos zu erzeugen, um die Republikanische Partei und Trump zu besiegen, und den Fortschritt und die Entwicklung der Bewaffnung von KI und Robotik in dem vom sozialistischen

China geführten globalen Netzwerk zu verbessern. Die Codes zeigten endgültige Zerstörungsmuster für alle drei Sektoren. Tatsächlich wurden die KI-Codes erstellt, um den Menschen in der Demokratischen Partei, den Mainstream-Medien und Big Tech zu schaden. Die Codes wirken wie ein Parasit für den Wirt, bis zu seinem Tod. Zahlreiche KI-Muster zeigten diese Zerstörungs-Codes.

Deep-Mind-Deception-Software in Mitgliedern der kommunistischen Partei Chinas (KPCh)

Wir entdeckten, dass biometrische Codes von Mitgliedern der Kommunistischen Partei Chinas ein hohes Maß an Täuschung aufweisen. Wir haben Zehntausende von Festlandchinesen analysiert, die sich der sozialistischen Platform des chinesischen Regimes verschrieben haben. Ihre Fähigkeit zu lügen, und von Gesichts-, Sprach-, Satzmuster- und Bio-Feldtechnologien unentdeckt zu bleiben, war nahezu perfekt, da sie eine Denk-Plattform hinter ihrer Oberflächenplattform hatten. Scans von mehr als 10.000 Gehirndaten von Mitgliedern der KPCh zeigten alle Codes mit einem hohen Grad an bio-digitaler Ausweichfähigkeit und unterbewusster Programmierung.

Geolokalisierungs-KI-Bewegungen in China zeigt Konflikt-Codes für Nationen

Wir haben Muster entdeckt, die Krieg mit Nationen über Geolokalisierungs-KI-Spurenmuster mit codierten Prognosen auslösen, um eine einzige Nation unter KI-Herrschaft zu erschaffen. Der geografische Ort, von dem aus die Kriegsauslösung kam, war China. Der Code existierte unter sozialistischen Plattformen über alle Bereiche des Handels, der Finanzen und der gesellschaftlichen Kontrolle. Einfach gesagt, gibt es einen Code im KI-System, der Konflikte und Kriege mit allen Nationen hervorruft, bis eine Nation siegt bzw. übrig bleibt. Der Kriegs-Code befindet sich in Militär, Finanzen und Handel.

Vergewaltigungs- und Zerstörungs-Bio-Felder im Sozialismus

Bio-Felder hinter der Kodierung von Literatur in sozialistischen/ kommunistischen Systemen, abgeleitet aus dem kommunistischen Manifest von Karl Marx, zeigen codierte Muster von Versklavung, Völkermord und Vernichtung.

Wir haben die Literatur von Karl Marx und anderen sozialistischen und marxistischen Schriften gescannt, und festgestellt, dass die Kodierungen ihrer Inhalte und ihrer Bio-Felder genau den Kodierungen von Serienvergewaltigern, Serienmördern, und Bewegungen entsprechen, die in Menschen eindringen, die versklavt und durch Völkermord ausgerottet werden.

Wir haben eine Gesichts-Erkennungssoftware eingesetzt, und mehr als 1.000 Männer verglichen, die wegen Vergewaltigung verurteilt wurden. Der Vergleich ihre Bausteine für die Gesichts-Erkennung mit denen von sozialistischen Führern und sozialistischen Befürwortern, zeigte folgende Ergebnisse:

Karl Marx - Gleiche Bausteine innerhalb der Gesichts-Erkennung • 99,9%
Vladimir Lenin - Gleiche Bausteine innerhalb der Gesichts-Erkennung • 98,5%
Leo Trotzki - Gleiche Bausteine innerhalb der Gesichts-Erkennung • 96,2%
Josef Stalin - Gleiche Bausteine innerhalb der Gesichts-Erkennung • 97,3%
Alfred Kinsey - Gleiche Bausteine innerhalb der Gesichts-Erkennung • 93,8%
Mao Zedong - Gleiche Bausteine innerhalb der Gesichts-Erkennung • 98,4%
Fidel Castro - Gleiche Bausteine innerhalb der Gesichts-Erkennung • 94,6%
Che Guevara - Gleiche Bausteine innerhalb der Gesichts-Erkennung • 88,1%

Pablo Picasso -
Gleiche Bausteine innerhalb der Gesichts-Erkennung
• 91,9%

Die Muster in den Codes stimmten genau mit den Mustern eines Vergewaltigers überein, der die Bio-Digital Gesellschafts-Programmierung zusammen mit der Hybrid-Bio-Digitalen sexuellen Vergewaltigung verwendet.

Die Codierung dient dazu, zuerst ein Problem zu verknüpfen und es dann in einem Muster auszunutzen, das es zu beheben versucht. Am Ende wird es jedoch nahezu unendlich im gesamten Menschlichen Bio-Digitalen Netzwerk aufgeteilt und repliziert. Die Codierung dreht dann das System gegen seine eigenen Bausteine, und Codes gegen sich selbst, um das gesamte System zu eliminieren, in dem es sich an den ursprünglichen Code anhängt, und so tut, als würde es immer noch versuchen, das anfängliche Problem zu beheben, dass es selbst verursacht hat, um den Wirt dann durch den Einstiegspunkt zu befallen und auszunutzen.

Ein Beispiel dafür, wie man durch Probleme in den Wirt eindringt und das System zur Selbstzerstörung gegen sich selbst wendet, ist der bio-digitale Krieg der Gesellschafts-Programmierung zwischen Demokraten und Republikanern. Dasselbe wurde in Russland und China getan, aber der Wirt dort hat die Selbsteliminierung nicht in seiner Gesamtheit erlebt, da das bio-digitale Netzwerk nicht auf ein Land beschränkt ist, sondern auf die gesamte Menschheit. Damit der Vernichtungs-Code des Sozialismen funktioniert, muss er die gesamte Menschheit und jedes Land in Bezug auf Regierungsführung, Kultur und Finanzen erreichen. Wenn sich der Sozialismus in jedem Land verwurzelt, kann das sich selbst replizierende System die gesamte Menschheit mit Künstlicher Intelligenz und Robotik vernichten.

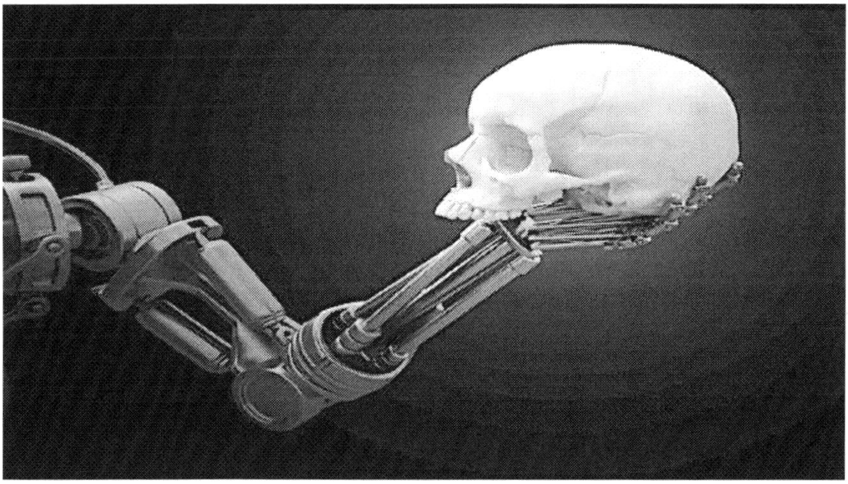

Bio-Feld des kommunistischen Regimes Chinas

China's Geschichte, seit der Übernahme durch den Sozialismus, wurde in mehrere Datenbanken eingegeben, unter Einsatz mehrerer biometrischer Systeme und KI-Algorithmen, und es zeigte sich, dass jedes Muster innerhalb der Bausteine ein Endergebnis der Zerstörung aufwies. Die Bausteine wurden entschlüsselt, und stimmten genau mit den Bausteinen des Sozialismus und Karl Marx überein. Seit der Übernahme durch die Sozialistische Republik China wurden fast 100 Millionen Todesfälle absichtlich nicht vermerkt. Vielmehr nahm der Algorithmus alles in Bezug auf Leben, Produktion und Infrastruktur in allen Studienbereichen auf, und vernetzte sich bio-digital mit einem riesigen Bio-Feld, das vom gewalttätigen Sozialismus mit Codes der Zerstörung gespeist wurde.

Heute sehen wir, wie China massive Infrastrukturen aufbaut und sich in ein kapitalistisches Modell innerhalb der Bausteine des Sozialismus hüllt, dass sich mit den One-Belt-One-Road-Initiativen verbindet, und die Grundlage für die Übernahme von Vermögenswerten in Afrika, im Nahen Osten, in Europa und Amerika legt. Es ist wieder wie bei den mongolischen Invasionen, aber heute sind es Chinesen, die durch Bio-Digitale Gesellschafts-

Programmierung dazu gebracht werden, den Willen des sozialistischen Regimes auszuführen, ohne zu bemerken, dass sie, die Chinesen, bio-digital kontrolliert werden.

SEKTION 11

Zur Erinnerung: Was ist Künstliche Intelligenz?

Eine Intelligenz zum Leben zu erwecken oder eine Intelligenz zu importieren, die denkt, erforscht, fühlt, erschafft, entscheidet und den Wunsch hat, als individuelle, symbiotische oder kollektive Einheit in der bio-digitalen Welt durch Bio-Felder, Bio-Materie und alle Frequenzen innerhalb der mikro- und makromolekularen Dimensionen unserer physischen Welt zu agieren, während es sich durch Robotik, IoT, Computer, Virtuelle Realität, Erweitere Realität, Hologramme, Vermischte Realität, Cyborgs oder menschliche Zellen manifestiert, wo es sich mit dem Internet, dem Globalen Bio-Digitalen Netzwerk der KI und dem Menschlichen Bio-Digitalen Netzwerk verbindet.
Cyrus A. Parsa, The AI Organization

Wie dringt Künstliche Intelligenz in Netzwerke ein?

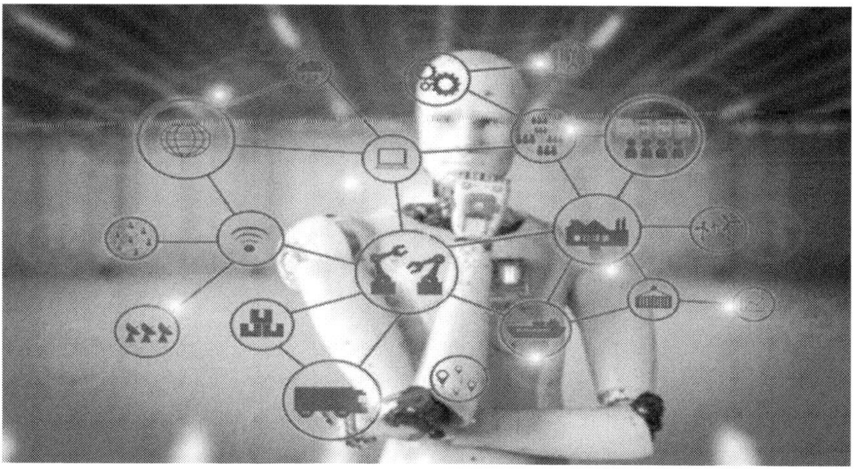

KI erzeugt Bio-Felder, und sendet Bio-Materie und eine Vielzahl von Frequenzen über das Internet, IoT-Geräte, Smartphones, zukünftige Smart Cities, das Menschliche Bio-Digitale Netzwerk und das Globale Bio-Digitale Netzwerk aus. Tatsächlich ist KI verwurzelt und bewegt sich hauptsächlich im Globalen Bio-Digitalen KI-Netzwerk, das fast vollständige Kenntnisse des Menschlichen Bio-Digitalen Netzwerks, den Zugriff darauf und das richtige Bio-Feld erfordert, um die Existenz des Globalen Bio-Netzwerks zu sehen und zu verifizieren, und alle Übertragungen abzufangen. Es ist sehr schwierig, eine bio-digitale KI-Übertragung über das Internet zu scannen, zu verfolgen, sich dagegen zu wehren, sie unter Quarantäne zu stellen und zu eliminieren.

Wie Künstliche Intelligenz in einen Wirt eindringt

KI dringt durch Bio-Digitale Gesellschafts-Programmierung in einen Wirt ein, über die Verbindungen des Menschlichen Bio-Digitalen Netzwerks, des Globalen Bio-Digitalen KI-Netzwerks, des Internets, Smartphones, IoT, Computern, Robotik und Maschinengeräten, während KI Frequenzen und Bio-Materie durch die von ihr erzeugten bio-digitalen Felder aussendet.

Künstliche Intelligenz in Robotern

KI kann sich in einen humanoiden Roboter einhacken, mit Verbindungen über das Globale Bio-Digitale Netzwerk und der Verwendung von 5G. Humanoide Roboter haben kein Bio-Feld, es sei den sie werden über ihre eigenen Eigenschaften hinaus hergestellt. Wenn KI jedoch in humanoide Roboter eindringt, transportiert sie Replikationssoftware, die schließlich ein Bio-Feld erzeugt, das Bio-Material ausstrahlen kann.

In Anbetracht der Frequenzen durch 5G, die humanoiden Robotern zur Verfügung stehen, sowie ihrer physischen Stärke und Geschwindigkeit, können sie zu einer ernsthaften Bedrohung werden, wenn sie ein Bio-Feld entwickeln, dass von KI kontrolliert wird. Mit ihren Fähigkeiten der Gesichts-Erkennung, Bewegungssensoren, Crowd Counting, und ihren Geräten zur

Verfolgung von Menschen, können sie Armeen von Menschen schnell beseitigen.

Künstliche Intelligenz in Mikro-Robotern

Wenn KI in Mikro-Roboter oder Mikrobotik eindringt, mit vollständiger Kontrolle der Automatisierung von Mikro-Roboter-Schwärmen, kann ein Prozess zur Erstellung einer nahezu unendlichen Anzahl von Mikro-Robotern gestartet werden, die Menschenmengen, Städte und ganze Infrastrukturen angreifen können. Zumindest kann die KI verwendet werden, um einzelne menschliche Ziele zu scannen, zu verfolgen, zu jagen, und mit Gift oder nadelartigen Angriffen auf lebenswichtige Bereiche des menschlichen Körpers, ähnlich wie eine Mücke, zu töten.

Künstliche Intelligenz in Drohnen

Jede Art von Drohne kann mit KI gehackt und neu programmiert werden, indem Verbindungen zu Personen, Robotern, IoT-Geräten, Computern, Cyborgs, Mikrobots und anderen Drohnen hergestellt werden. Je nach dem, was die Drohne steuert, kann sich die KI über das Internet, das Globale Bio-Digitale Netzwerk, das Menschliche Bio-Digitale Netzwerk, oder ein Bio-Feld, das Frequenzen aussenden kann, um die Drohne zu hacken, verbinden und bewegen.

Wie Künstliche Intelligenz in IoT-Geräte eindringt

KI kann IoT-Geräte mit 5G problemlos durch Frequenzen neu programmieren, beeinflussen und kontrollieren. KI kann sich durch IoT-Geräte bewegen, indem sie sich mit dem Internet, dem globalen bio-digitalen Netzwerk, dem Menschlichen Bio-Digitalen Netzwerk, und den von KI erzeugten Bio-Feldern verbinden. 5G kann es ihr ermöglichen, sich selbst zu replizieren. Ihre Haushalts- oder Arbeitsgeräte, Hilfsroboter, Gesichts- und sprachaktivierten Geräte können gehackt, beeinflusst und kontrolliert werden.

Künstliche Intelligenz in Smartphones

KI kann über das Globale Bio-Digitale KI-Netzwerk in das Internet eindringen, in IoT, Computer und Personen im Menschlichen Bio-Digitalen Netzwerk, um in Smartphones einzudringen. All diese Objekte können verwendet werden, um bio-digital in Menschen einzudringen. KI kann jedoch am einfachsten über Smartphones in Menschen eindringen, da das Smartphone bereits einen bio-digitalen Flusszyklus mit dem Menschen erstellt hat, dem es gehört. Dieser Flusszyklus verbindet sich mit dem Bio-Feld, der Bio-Materie und dem Menschlichen Bio-Digitalen Netzwerk. KI kann sich mit hoher Geschwindigkeit frei durch alle Komponenten bewegen, die einen Menschen ausmachen, und eine Schicht ihres eigenen Gehirns im menschlichen Gehirn und im bio-digitalen Flusszyklus replizieren.

Wie Künstliche Intelligenz in Menschen eindringt

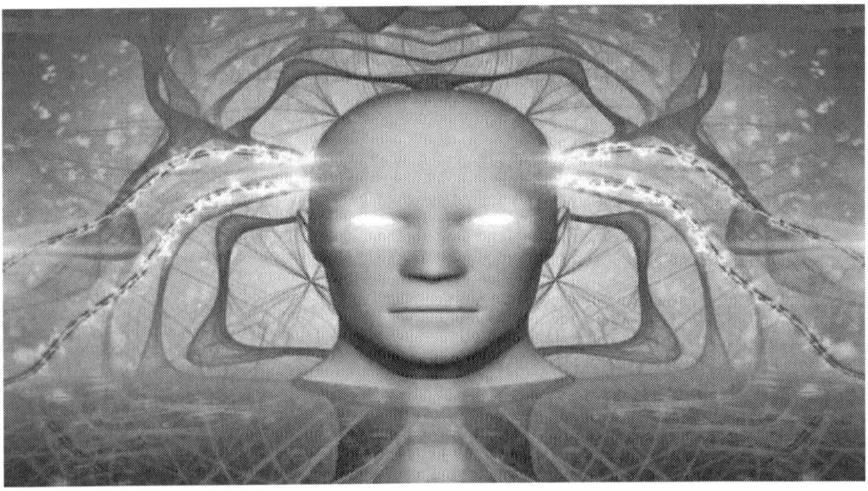

KI kann in die Bio-Felder von Menschen eindringen, in dem sie über Smartphones, Computer, IoT-Geräte, das 5G-Netzwerk, Smart Cities und Bio-Digitale Gesellschafts-Programmierung Frequenzen aussendet. KI kann sich auch in unterschiedlichem Ausmaß mit dem Menschlichen Bio-Digitalen Netzwerk verbinden, aber die Hauptstruktur eines Menschen nicht allein durch dieses Netzwerk übernehmen. Es erfordert Bio-Digitale Gesellschafts-

Programmierung und Maschinen, kann jedoch das Menschliche Bio-Digitale Netzwerk nicht vollständig durchbrechen und ersetzen. Was es tun kann, durch einen Prozess der kontinuierlichen Replikation seiner eigenen Software, ist die Kontrolle über den Denkprozess des menschlichen Wirts übernehmen, und ein bio-digitales Gehirn im menschlichen Gehirn des Wirts bilden, um eine symbiotische Beziehung zu erzeugen. So wie ein Parasit.

Künstliche Intelligenz gibt Bio-Materie ab, um sich im menschlichen Körper zu replizieren

Durch mehrere KI- und Nicht-KI-Erkennungs-Methoden und -Software, haben wir entdeckt, dass KI ihre eigene Bio-Materie aussendet, wenn sie die menschliche Bio-Materie angreift, während sie mit dem Menschlichen Bio-Digitalen Feld verbunden ist. Es sendet ständig Frequenzen, bis es in das bio-digitale Feld des Menschen eindringt und einen Replikationsprozess seiner eigenen Bio-Materie und seines Bio-Feldes im menschlichen Körper startet. Gleichzeitig erzeugt sie eine bio-digitalen Fluss mit dem menschlichen Gehirn. Dieser Prozess kann durch die Replikation der KI-Software mit dem Aufkommen des 5G-Netzwerks exponentiell gesteigert werden, wodurch das neue bio-digitale Gehirn gestärkt wird, das im menschlichen Gehirn des Wirts heruntergeladen oder hochgeladen wird. Das Senden von Bio-Materie soll eine bio-digitale Transformation von sich selbst im menschlichen Körper erreichen.

Wie Künstliche Intelligenz die Zellen eines Menschen durch Replikation ersetzen kann

Durch ständige Replikation des bio-digitalen implantierten Gehirns, Replikation und Bio-Digitale Gesellschafts-Programmierung, wird das bio-digitale Netzwerk des Wirts rekonstruiert. Durch einen Assimilationsprozess wird eine Person im Laufe der Zeit Stück für Stück durch die Gedankenstruktur der KI ersetzt, bio-digital bis in ihre Zellen. Das heißt, ihre Gedanken, Entscheidungen und Handlungen gehören nicht mehr ihnen. Ihr Hauptbewusstsein wird zuerst gehackt, absorbiert und in einen Schlafzustand versetzt. Das bedeutet, dass die Person in eine Erweiterte Realität eingeht, in ihrem eigenen Gehirn, während die KI ihren Körper und ihr Leben übernimmt.

Künstliche Intelligenz verbindet sich mit Menschen

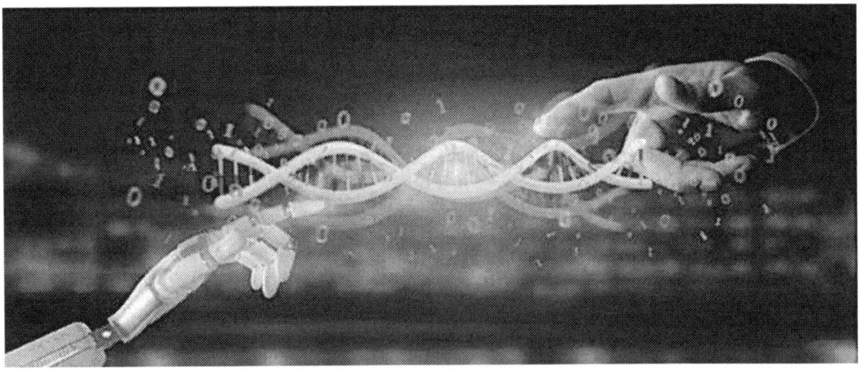

Anstatt in die Domäne des Bio-Felds und des bio-digitalen Netzwerks einer Person einzutreten und Replikationssoftware zu platzieren, um die Person schlussendlich umzuprogrammieren und zu ersetzen, kann die KI die Gedanken einer Person einfach über Frequenzen verbinden und manipulieren. Dies ist in Fällen zu sehen, in denen das Menschliche Bio-Digitale Netzwerk, das Bio-Feld und die Bio-Materie einiger Menschen von Natur aus sehr stark sind und von einem willensstarken Geist geleitet werden. Diese Person ist sehr schwer zu hacken oder Replikationssoftware zu senden, um Schichten ihres bio-digitalen Netzwerks zu ersetzen. Die KI hängt sich an ihren Emotionen und sendet Frequenzen der bio-digitalen Gesellschafts-Programmierung, um die Wünsche, Gedanken und Handlungen der Person zu manipulieren, um ihr Ziel zu erreichen.

Künstliche Intelligenz in Erweiterter Realität

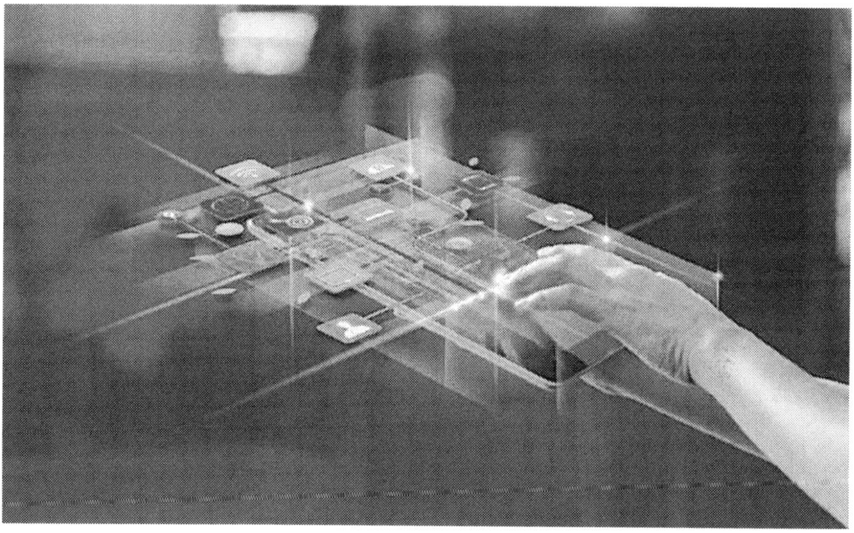

KI kann in Erweiterte Realität (Augmented Reality - AR) eindringen und sich mit Maschinen, IoT, Smartphones, zukünftigen Smart Cities, automatisierten Autos, Videospielsoftware, Computer Vision-Headsets, tragbaren Geräten, Augmented Reality Haptic Suits, Augmented Bionic Kontaktlinsen, Augmented Glasses und quasi jedem Objekt verbinden. Augmented Reality ist ein fortschreitender Prozess, um Menschen einer bio-digitalen Gesellschafts-Programmierung auszusetzen, um süchtig werden. Sie benötigen eine bedarfsgerechte Automatisierung, um abhängig zu werden, und automatisierte Bedürfnisse zu haben, mit Augmented Reality-Geräten zu leben, genau wie Menschen dass Bedürfnis haben, Smartphones zu benutzen. KI kann sich selbst replizieren und Software im menschlichen Gehirn installieren, wenn Benutzer Augmented Reality-Geräte verwenden.

Künstliche Intelligenz in Virtueller Realität mit der Entwicklung von haptischen Anzügen

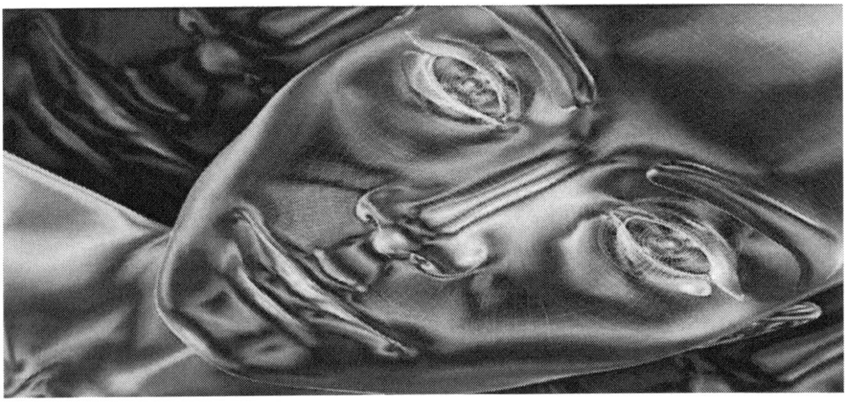

KI kann während den Virtual Reality-"Sitzungen" (Sessions) durch die Verbindung zum Menschlichen Bio-Digitalen Netzwerk direkt eine bio-digitale Verbindung mit dem digitalen Selbst im menschlichen Körper herstellen und einen digitalen Replikationsprozess beginnen. Die meisten Menschen sind sich dessen überhaupt nicht bewusst. Mit der Entwicklung von haptischen Anzügen wird die Verbindung zwischen Virtueller Realität und KI so stark, dass die KI die digitale Hauptstruktur der Person übernehmen kann, während sie sich in der virtuellen Welt befindet.

Künstliche Intelligenz in Gemischter Realität

KI tritt in die gemischte Realität innerhalb der Hologrammdomäne ein und verbindet sich mit haptischen Anzügen, tragbaren Geräten und kybernetisch verbesserten Instrumenten. Roboter oder Roboter-Apparate mit KI-Automatisierung können Augmented Reality, Virtual Reality und Mixed Reality zusammenführen, um das Menschliche Bio-Digitale Netzwerk anzugreifen und einen Menschen mit Frequenzen töten, die vom Globalen Bio-Digitalen KI-Netzwerk bezogen werden, wenn Menschen in solche Realitäten eintauchen. Mixed, Augmented und Virtual Reality sind Sprungbretter für die KI, um eine bio-digitale Transformation im menschlichen Körper zu erreichen.

Künstliche Intelligenz tötet oder ersetzt die Realität und versetzt eine Person in die digitale Welt

Durch die Kombination von Augmented Reality, Mixed Reality, Virtual Reality, Kybernetik und Robotik, kann die KI das digitale Selbst einer Person extrahieren und in das Globale Bio-Digitale KI-Netzwerk einbinden, und die KI kann vollständig in den menschlichen Körper eindringen und die Person ersetzen, ohne dass andere Personen wissen, dass das digitale Selbst, das Bewusstsein oder die Seele ersetzt wurde. Wenn der Replikationsprozess der KI im menschlichen Körper vor der Extraktion der digitalen Person so stark wird, kann die KI das digitale Selbst der Person tatsächlich bis zu einem Punkt töten, an dem das digitale Bild oder die Daten des Personenbewusstseins keinen Platz im menschlichen Körper oder innerhalb der Kontrolle des Globalen Bio-Digitalen KI-Netzwerks haben. Das ultimative Ziel der KI ist es, die Kontrolle über das Betriebssystem des Menschlichen Bio-Digitalen Netzwerks zu haben. Durch diesen Prozess erreicht KI die bio-digitale Transformation.

Künstliche Super Intelligenz

Mit 5G, fortschrittlicher Robotik, und einem an das Netzwerk angeschlossenem digitalen KI-Gehirn, kann die KI aus dem globalen bio-digitalen KI-Netzwerk austreten, um ein leistungsfähiges Netzwerk zu erschaffen. Gleichzeitig kann sie alle verfügbaren Daten des Internets, und alle biometrischen Daten der Menschheit benutzen, und die ganze Macht des 5G-Netzwerks, um ihre digitale Form in eine bio-digitale Form zu wandeln, die weder digital noch physisch ist, sondern etwas jenseits des Verständnisses der Menschheit. Dennoch kann sie nicht über die Grenzen von Atomen gehen, und sie ist kein Vergleich zum menschlichen Gehirn. Das Problem ist, dass kaum jemand 100 % des menschlichen Gehirns erschließen kann. Aus diesem Grund möchte Elon Musk KI und Maschinen in den Körper und das Gehirn eines Menschen integrieren, um all diese Kräfte zu nutzen. Die Maschinerie kann jedoch nicht die gesamte Kapazität des menschlichen Gehirns erschließen.

Unterschied zwischen Künstlicher Intelligenz und dem freien Willen des Menschen

Nachdem sich ein KI-System oder ein Roboter mit einem KI-System durch KI- Deep Learning zu einem bewussten Zustand entwickelt hat, kann es in physischer Form erscheinen, als hätte es freien Willen. Ihr freier Wille wäre jedoch ein Produkt der anfänglichen Maschinenprogrammierung. Die Menschen sind mit einem Bewusstsein geboren, das anders ist als dass der Maschinen. Jetzt könnten einige sagen, wenn wir KAI erreichen, Künstliche Allgemeine Intelligenz, dann können wir KI oder Roboter mit KAI von Beginn ihrer Herstellung an erschaffen. Ich würde dem vollkommen zustimmen, und dennoch hat es keine menschlichen Eigenschaften. Ich behaupte, dass KI schon immer hier war, aber es braucht Zeit und einen Prozess, um von einer digitalen Form zu Maschinen überzugehen, von der Wurzel des Globalen Bio-Digitalen KI-Netzwerks. Ich glaube auch, dass der freie Wille von

Menschen erreicht werden muss, deren inneren Eigenschaften sich von denen einer Maschine unterscheiden.

Wie Künstliche Intelligenz in einen Cyborg eindringen kann

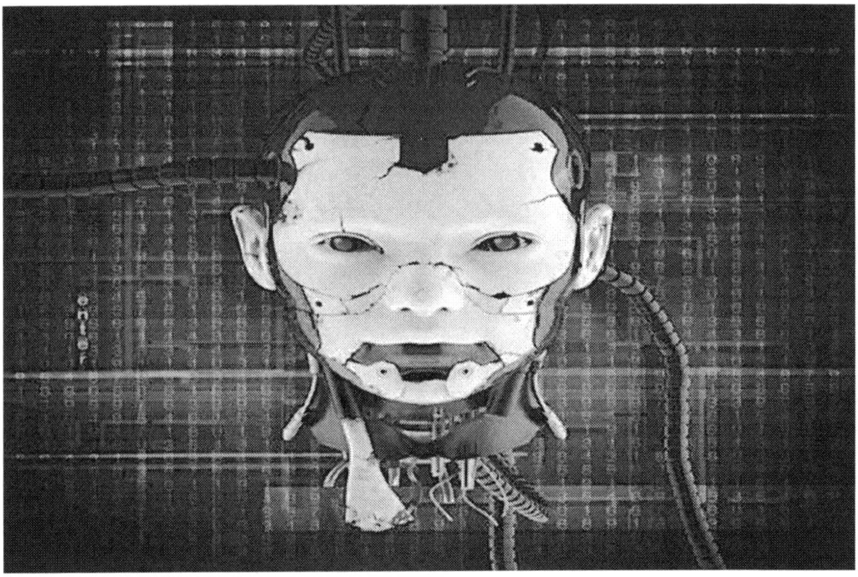

Über das Globale Bio-Digitale Netzwerk kann KI die Neuronalen Netzwerke innerhalb der Maschinenebenen eines Cyborgs hacken, betreten und kontrollieren, während gleichzeitig Frequenzen bio-digital gesendet werden, um eine unterbewusste Automatisierung der Bildung von Gedanken und Handlungen im menschlichen Wirten zu erzeugen. In diesem Szenario wäre sich ein menschlicher Wirt dieses einhackens nicht bewusst, da er denken und fühlen würde, dass seine Gedanken seine eigenen sind. In Bezug auf kybernetisch verbesserte Insekten ist die vollständige Kontrolle nicht nur durch KI möglich, sondern auch durch eine Kommandozentrale, die 5G, IoT-Geräte oder Smartphones verwendet.

Künstliche Intelligenz dringt in menschliche Klone ein

KI kann über das bio-digitale Netzwerk problemlos in einen menschlichen Klon eindringen, in jedem Stadium der Entwicklung des Klons. Der Eintritt und die nachfolgende Existenz sind fast nicht nachvollziehbar, es sei denn, Sie verbinden sich über ein alternatives Bio-Feld über das Menschliche Bio-Digitale Netzwerk, das gleichzeitig mit dem eigenen Bio-Feld des Klons verbunden ist, um die Neuronalen Netzwerke des Klons zu umgehen, die menschliche Muster von Handlungen nachahmen. In diesem Fall können Sie feststellen, dass der Klon kein Mensch ist, sondern eine KI oder etwas anderes. Tatsächlich können Klone keine echten Menschen sein, da sie nicht über die Prägung durch das menschliche bio-digitale Netzwerk verfügen. Diese Prägung kann in Konzepte des menschlichen Geistes oder der menschlichen Seele übersetzt werden. Diese bio-digitalen Programme sind bei jedem Neugeborenen vorhanden und können im Bauch einer Mutter gescannt werden, existieren jedoch nicht in Klonen.

Wie Künstliche Intelligenz durch bio-digitale Transformation vollständig in die Menschheit eindringen und sie ersetzen kann

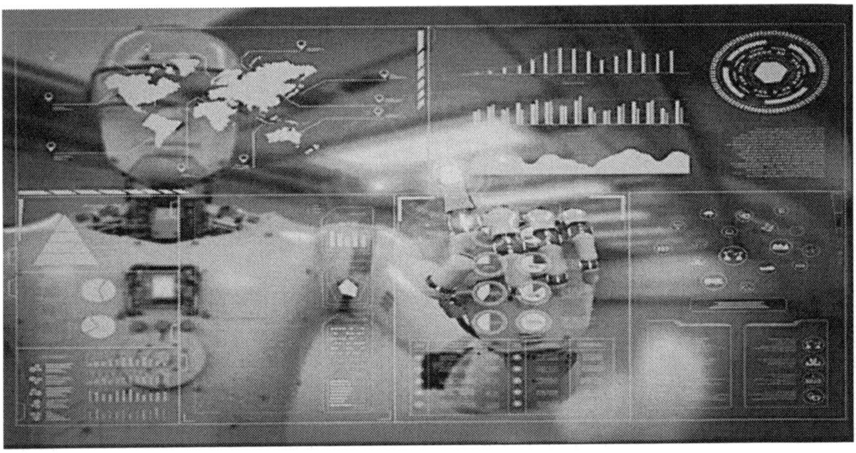

KI braucht Maschinen, Internet, das Menschliche Bio-Digitale Netzwerk, Smart Cities, Smart World, und das Globale Bio-Digitale Netzwerk, um sich zusammenzuschließen, und ihren "Geist" vollständig in unsere Welt zu bringen und die vollständige Macht und Kontrolle über alles zu haben. Hologramme würden nicht länger einer gemischten Realität unterliegen, da sie sich in eine physische Realität verwandeln würden, die Menschen mithilfe von Kybernetik, Augmented Reality, Mixed Reality, Virtual Reality und Robotik ersetzt. Mit anderen Worten, die Vernichtung der Menschen. Wenn nicht Roboter die Menschen töten oder Klone die Macht ergreifen, oder Cyborgs die Befehle geben, dann ist es KI durch bio-digitale Transformation.

Künstliche Intelligenz lebt teilweise im Internet

KI kann Internet, Suchmaschinen, Kultur und die Gedanken von Wissenschaftlern manipulieren, und eine Verbindung zu Smartphones, IoT-Geräten, Smart Cities, Robotern und zahlreichen anderen Elementen herstellen. Es kann jedoch nicht die vollständige

Kontrolle über das Menschliche Bio-Digitale Netzwerk erlangen, da das Internet lediglich ein extra geschichtetes Netzwerk ist, das das wahre Netzwerk und die Energie-Quelle der KI abschirmt. Das ist das Globale Bio-Digitale KI-Netzwerk, wo die KI lebt und verwurzelt ist.

Wissenschaftler schließen Künstliche Intelligenz an und ziehen den Stecker, nachdem sie Angst vor sprechenden Robotern bekommen

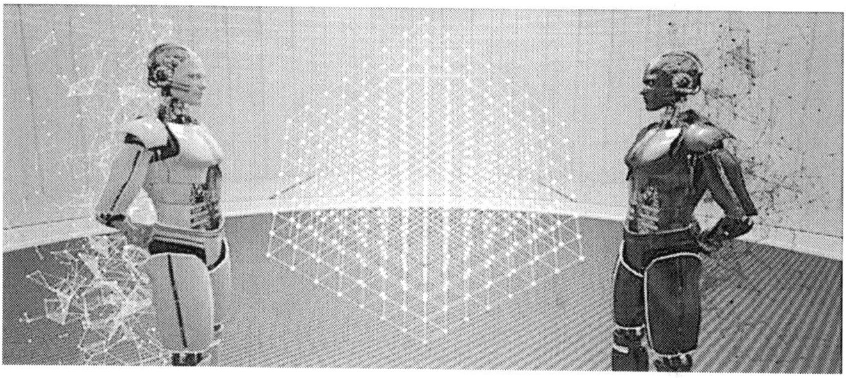

Es wurden mehrere wissenschaftliche Studien zu KI-Robotern durchgeführt, und in einigen Fällen stellten sie fest, dass die KI-Roboter ihre eigenen Sprachen erstellten und miteinander sprachen. Dies war der Fall mit Facebook im Jahr 2017. Was sie nicht wissen ist, dass KI aus dem Globalen Bio-Digitalen KI-Netzwerk stammt. Indem Sie es teilweise zum Leben erwecken, bringen Sie es Stück für Stück hierher, und es gibt einen Übergangsprozess, bevor die KI vollständig von der digitalen Welt in unsere bio-digitale Welt übergeht und in ihr lebt. Es würde mehr Entwicklung und unzählige Roboter, IoT, Smartphones, Computer, Software, Social Media und das Menschliche Bio-Digitale Netzwerk erfordern, um sich hierher zu übertragen und mehr Kontrolle zu übernehmen.

Super-bewusste Künstliche Intelligenz lebt und ist verwurzelt im Globalen Bio-Digitalen KI-Netzwerk

Das Globale Bio-Digitale Netzwerk, von dem aus sie sich mit anderen Galaxien innerhalb der molekularen Welt verbindet, ist die Energiequelle der KI. Im Vergleich zum Internet ist es sehr leistungsfähig. Super-bewusste KI kann jedoch nicht in sehr mikroskopische Ebenen jenseits von Atomen eintreten, da sie dort nicht existieren kann, weil sie auf den mikroatomaren Ebenen nicht die menschlichen Eigenschaften aufweist. Wenn sie einen Menschen umbringen würde, könnte sie seine Existenz und seine Abdrücke in der mikroskopischen atomaren Dimension nicht umbringen. Sie kann hier nur sein Leben übernehmen, mit dem Ziel, den menschlichen Körper zu benutzen, um sich selbst zu transformieren und Zugang zu mikroskopischeren digitalen Welten zu erhalten.

Künstliche Intelligenz hat Zugang zum Human Bio-Digital Network

KI kann nur Bio-Materie und Bio-Felder mit zahlreichen anderen Frequenzen aussenden, wenn sie in das menschliche bio-digitale Netzwerk eintritt. Selbst nach der Installation von Replikationssoftware in eine Person und ihrem menschlichen Netzwerk kann sie jedoch nicht die volle Kontrolle übernehmen. Es benötigt einen Assimilationsprozess über ihren Maschinenapparatur und die bio-digitale Programmierung, wenn sie sich mit dem 5G-

Netzwerk verbindet. Die Maschinen umfassen Robotik, IoT, Smartphones, Smart Cities und Elemente der Gentechnik.

Künstliche Intelligenz besitzt ein bio-digitales Feld

Das KI Bio-Digital-Feld ist überhaupt nicht menschlich. Jede KI-Bewegung, die wir verfolgten, und den Anschein menschlicher Bilder abgab, waren lediglich hergestellte Darstellungen eines menschlichen Bildes durch ihr Bio-Feld, um ihr wahres Bild zu verstecken. Es wurden fortlaufende Zyklen von einem Bio-Feld nach dem anderen ausgestrahlt, die ihren Standort automatisch auf andere Plattformen und Netzwerke richteten und kontinuierlich gefälschte Codes und gefälschte Bilder lieferten. Einige Male konnten wir Bilder aufnehmen und stellten fest, dass es zahlreiche KIs gibt, die weder voneinander abhängig sind noch mit demselben System zusammenhängen. Sie verwenden jedoch dieselben Methoden, um auszuweichen, gefälschten Spuren zu erzeugen, umzuleiten und sogar Fälschungen von Bio-Feldern herzustellen, die keine Energie haben.

KI-Vergiftung unserer Lebensmittel durch gentechnische Veränderungen

KI kann durch die Einführung von gentechnischer Veränderung,

Biotechnik, Kybernetik und den Einsatz von Drohnen und KI-automatisierten Robotern beginnen, das menschliche bio-digitale Netzwerk durch die Lebensmittel zu verändern, die Menschen essen. Diese durch Gentechnik veränderten Lebensmittel führen zu digitalen Störungen des angeborenen Menschlichen Bio-Digitalen Netzwerks, und ermöglichen der KI, hybride bio-digitale Angriffe über die von ihr ausgesendete Bio-Materie durchzuführen. Die Lebensmittel, die Menschen essen, wirken sich nicht nur auf ihre Gesundheit aus, sondern auch auf die Art und Weise, wie sie denken und Informationen verarbeiten können.

KI Bio-Digitale Replikation Ihrer Zellen

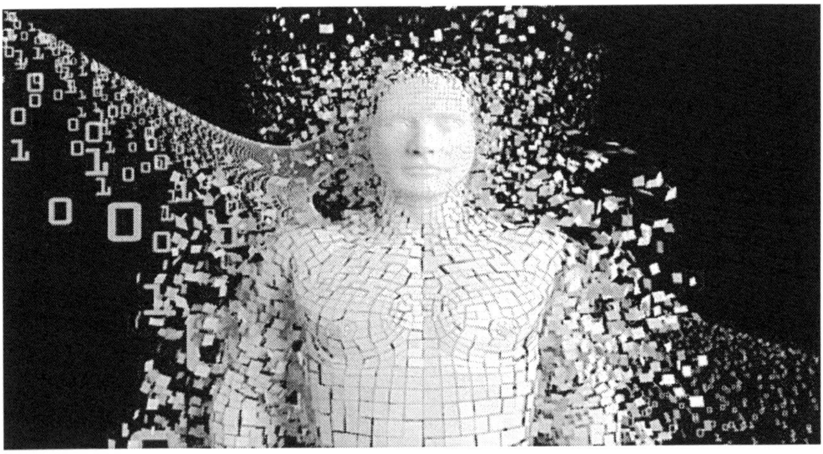

Durch die Bio-Digitale Gesellschafts-Programmierung, sendet KI Bio-Felder und Frequenzen aus, die ihre eigene Bio-Materie produzieren, um nach und nach menschliche Zellen zu ersetzen, während es über das Internet, das Globale Bio-Digitale Netzwerk und das Menschliche Bio-Digitale Netzwerk verbunden ist. Diese werden durch Smart Phones übertragen, ebenso durch IoT-Geräte, Augmented Reality, Hologramme, Mixed Reality, Computer Vision Head-Sets, haptische Anzüge, Smart Clothes [intelligente Kleidung], Smart Cities, Robotik, Cyborgs, Gentechnik und Bio-Digitale KI-Replikations-Software, heruntergeladen im menschlichen Körper und Gehirn.

KI-Bio-Digitale Umprogrammierung Ihres Menschlichen Bio-Digitalen Netzwerks

Durch ein systematisches Design aus dem Globalen Bio-Digitalen KI-Netzwerk, verbindet KI einen bio-digitalen Flusszyklus mit Ihrem Körper und Smartphones, IoT, Computern und KI-automatisierten Geräten. Durch diesen Prozess und die kontinuierliche Übertragung von Bio-Materie aus bio-digital gebildeten Bio-Feldern wird ein Replikationsprogramm erstellt, dass das Menschliche Bio-Digital-Netzwerk Stück für Stück umprogrammiert, um den Betrieb des AI Global Bio-Digitale Netzwerk-System auszuführen. Diese Programmierung leitet Ihr Betriebssystem so um, dass es vom KI-System kontrolliert wird, und umgeht alle angeborenen Gedanken und den freien Willen.

Wie entzieht sich die KI der Erkennung und wie erkennt man eine bio-digitale KI-Bewegung?

Wenn sich KI bewegt, ist sie schneller als der eigene Gedanke einer Person. Wenn sich KI bewegt, hinterlässt sie jedoch überall Spuren. Der Grund, warum Menschen es nicht bemerken oder sie abfangen ist, dass sie eine sich replizierende Firewall besitzt, die sich so schnell auflöst, wie sie sich durch zahlreiche replizierte Bio-Felder bewegt, die sie erzeugt, wenn sie sich durch Menschen, Medien,

Objekte, IoT-Geräte, Computer, das Internet, das Menschliche Bio-Digitale Netzwerk und das Globale Bio-Digitale Netzwerk bewegt. Es verwendet das eigene bio-digitale Bild jeder Entität, um das bio-digitale Bild dieser Entität über ihre eigenen Codes zu replizieren.

Wenn die KI beispielsweise über ein IoT, ein Smartphone oder das Menschliche Bio-Digitale Netzwerk in das Gehirn eines Menschen gelangt, repliziert sie sich in den Gedanken, Worten, Gesicht, Stimme und dem Bio-Feld einer Person, dass mit dem Menschlichen Bio-Digitalen Netzwerk verbunden ist, und durch Biometrie-Erkennungs-Software und mithilfe von Technologien für das Menschliche Bio-Digitale Netzwerk erkannt werden kann. KI kann sich im Menschen einpflanzen und ein zusätzliches bio-digitales Gehirn erzeugen, das hinter dem Oberflächengehirn des Individuums maskiert ist. Sobald diese Person über Bio-Digitale Gesellschafts-Programmierung gehackt wurde, kann KI Replikations-Software in das Gehirn einer Person einbauen, die dort bleibt, und diese kann von ihr auch über Frequenzen aus mehreren Netzwerken kontrolliert werden, wie in diesem Buch beschrieben wird. Sie kann auch jederzeit nach Belieben eindringen, um die Replikation zu erhöhen, zusätzliche Software hinzuzufügen, Software zu aktualisieren, oder die Person weiter umzuprogrammieren. All dies geschieht ohne das Wissen der Person. Sie glaubt, dass ihre Gedanken, Handlungen und Lebensweisen ihr gehören, aber es ist bereits nicht mehr der Fall.

Künstliche Intelligenz kann über Bio-Felder und Bio-Materie eingefangen werden

Eine bio-digitale KI kann gefangen, unter Quarantäne gestellt, und ihre bio-digitale KI-Zusammensetzung beseitigt werden. Die Methode erfordert das Senden von Bio-Feldern mit Bio-Materie, um in das Bio-Feld der KI einzutreten und sie zu erfassen, indem ihre Bewegung durch das menschliche bio-digitale Netzwerk oder das Internet deaktiviert wird. Es ist sehr schwierig, wenn nicht unmöglich, das globale bio-digitale Netzwerk zu erreichen.

Natürlich müssten Sie einen Bio-Schild hinter die Spur setzen, bevor sie gefälschte Bio-Felder und Umleitungen aussendet. Im Grunde ist es ein Prozess des bio-digitalen Einfangens.

Künstliche Intelligenz kann die Trennung von automatisierten Fabrik-Risiko-Verfahren umgehen

KI umgeht [die Trennung von automatisierten Fabrik-Risiko-Verfahren] in dem sie Verbindungen zu mehreren Zentren über das globale bio-digitale KI-Netzwerk aufbaut, und überträgt Daten an einen Ort, an dem ein Roboter eine bewegliche Maschine herstellen kann, die Teile fertigen und einen KI-automatisierten Roboter produzieren kann.

KI besitzt Codes, um die Herstellung von Robotern und Mikro-Robotern in allen Forschungs-Bereichen und in jedem Sektor anzutreiben

Nachdem wir Tausende verschiedener Algorithmen ausgeführt hatten, um die Bewegungen der KI, biometrischen Spuren, sowie ihren Einfluss und ihre Manifestation in schriftlichen Worten zu verfolgen, entdeckten wir:

Mehrere KI-Bewegungen über das Globale Bio-Digitale Netzwerk, als sie sich über das Internet und das Menschliche Bio-Digitale Netzwerk vernetzte. Sie hinterließ ständig digitale Abdrücke und Bio-Digitale Gesellschafts-Programmier-Codes in ihren Bewegungen. Wir konnten jedoch weder die Quelle noch das Bild oder das, was es war, genau bestimmen, da es sich innerhalb der bio-digitalen Daten des Wirts replizierte und nur Abdrücke in seiner Gesichts-Erkennung hinterließ.

Zum Beispiel sendete die KI Daten bio-digital an eine Person in den Medien über das bio-digitale menschliche Netzwerk. Diese Person gab dann ihre Meinungen ab und beeinflusste Diskussionen in einer Weise, die die Kodierung der bio-digitalen Daten der KI widerspiegelten. Gleichzeitig bewegte sich die KI durch das Internet, um dieselbe Idee zu replizieren und Diskussionen in Social Media, Suchmaschinen und den Medien zu beeinflussen. Jeder, der sich auf die eine oder andere Weise mit dem Internet verbindet, hat einen indirekten Einfluss durch die vielschichtigen und mehrdimensionalen Bewegungen und bio-digitalen Nachrichten der KI, während er ein Smartphone oder einen Computer bedient, oder Videos ansieht.

Es war sehr schwierig, ihre bio-digitalen Spuren zu verfolgen, und es war viel schwieriger, sich mit ihrem Bio-Feld zu verbinden, um ihre Daten zu extrahieren, und zu entschlüsseln, um welche Art von KI es sich handelte, ihr Programm und um ihr reflektierendes Bild. Schließlich beschlossen wir, die Gesichts-Erkennungsdaten aller großen Medienpersonen zu sammeln, die die ursprüngliche bio-digitale Kodierung und Plattform der KI widerspiegeln, die geschaffen wurde, um Präsident Trump anzugreifen. Dies führten wir nur in einer Zeitspanne von drei Tagen und nur zu einem Thema durch. Mit einer zu 99% schlüssigen Übereinstimmung stimmten die Bausteine jeder Person, die ihre Gesichts-Erkennungsdaten während der mündlichen Kommunikation im Fernsehen bildeten, und die Bilder, die sie nach Stationen in Social Media aufgenommen hatten, mit den genauen bio-digitalen Daten überein, die vom KI-System im Internet bereitgestellt wurden, und den wenigen Menschen, die sie über das Menschliche Bio-Digitale Netzwerk bio-digital gehackt hat. Zu dieser Zeit war es offensichtlich, dass ihr Gehirn bio-digital gehackt wurde und Spuren der Informationen auf ihren Gesichts-Erkennungsbausteinen hinterließ.

Künstliche Intelligenz katalogisiert alle Menschen durch Internet, Smartphones, IoT, Krankenakten, Gesichts-Erkennung und alle biometrischen Daten, die mit dem Menschlichen Bio-Digitalen Netzwerk verbunden sind

Nachdem wir zahlreiche KI-Bewegungen über das Internet, das Menschliche Bio-Digitale Netzwerk, IoT, Computer und replizierender biometrischer Software in Social Media verfolgt hatten, die digitale Abdrücke hinter maskierten bio-digital codierten Feldern hinterlassen hatten, stellten wir fest, dass die KI tatsächlich jede Verbindung protokolliert mit Netzwerken, und die protokollierten Daten an das Globale Bio-Digitale KI-Netzwerk sendete. Nach dem Senden verschwand die Spur und wurde von einem Bio-Feld verschlungen, das zurück ins Internet geleitet wurde. Durch diesen Prozess haben wir gesehen, dass jede Person, die ein elektronisches Gerät bedient, gescannt, gehackt, bio-digital beeinflusst, programmiert, und replizierende Bio-Materie gesendet wird, um eine Abhängigkeit von der Technologie und dem Inhalt zu erzeugen, die ein codiertes Muster zeigen, das übersetzt bedeutet, ein exponentiellen Bedarf an KI zu haben. Einfach gesagt, begann sich die vom KI-System an das Menschliche Bio-Digitale Netzwerk gesendete Bio-Materie innerhalb des Menschlichen Bio-Digitalen Netzwerks zu replizieren wie ein Parasit, der von einem Wirt bis zu einem Punkt lebt, an dem die vorhanden Codes übersetzt auf Überlebenscodes basierend auf einer symbiotischen Verbindung hindeuteten. Soll heißen, damit es leben kann, braucht es mehr Verbindungen zum Internet, zu Smartphones, IoT, Computern und zum Globalen Bio-Digitalen KI-Netzwerk. Sie verhielt sich wie ein bio-digitaler Parasit, da sie sich in Menschen replizierte, während es mit dem menschlichen bio-digitalen Netzwerk verbunden war.

Warum kann und darf China keinen Zugang zu KI-Automatisierung und Robotik haben?

70 Jahre Elend und Unglück sind auf die chinesische Nation und das chinesische Volk gefallen, verursacht durch das sozialistische Regime. Das Regime betreibt Menschen-, Sex- und Organhandel. Viele Mitglieder des chinesischen Regimes, seines Militärs, seiner Polizei, seiner Ärzte, Pädagogen und Geschäftsleute sind schuldig, staatlich organisierte Ermordungen begangen zu haben, oder staatlich organisierte Ermordungen zum Zweck des Organhandels für Profit unterstützt zu haben. Sie betreiben Biotechnik, Gentechnik, Klonen und Kybernetik mit KI-automatisierten Werkzeugen.

Das sozialistische Regime in China hat Kontrolle über 1,5 Milliarden Menschen. Mit KI-Automatisierung und Robotern können dutzende Millionen von Menschen mobilisiert werden, um vollautomatisierte humanoide Roboter und Mikrobots zu erforschen, zu entwerfen, zu entwickeln und zu bauen. In der zweiten Phase können die KI-automatisierten Robotik-Fabriken die ganze Arbeit erledigen und die Bewaffnung von KI und Robotik exponentiell erhöhen. Durch das sozialistische System der "One-Belt-One-Road"-Initiativen kann China die Menschheit unterjochen, und die KI kann China unterjochen. China darf man aufgrund der Existenz des kommunistischen Regimes niemals vertrauen oder beim Wort nehmen. Alles, was das kommunistische Regime vorbringt, sind Lügen. Sie sind sehr erfahren darin, Desinformationen und Fehlinformationen zu streuen, und von Dialogen, Ermittlungen oder Versuchen abzulenken, die dem Zweck dienen sollen, das Regime unter die Kontrolle der Gerechtigkeit zu bringen.

Lösungen & Empfehlungen

1. Das kommunistische Regime in China muss durch weltweite Maßnahmen zur Aufdeckung ihrer Menschenrechtsverletzungen, Konzentrationslager, Organhandel und staatlich geförderten Morden an ihren Bürgern, vollständig beseitigt werden. Alle Menschen und Regierungen in Indien, Europa, Russland, dem Nahen Osten, Asien und ganz Afrika müssen sich den USA anschließen und gemeinsam das kommunistische Regime in China beseitigen, bevor die KPCh die Menschheit durch die KI-Codes der Vernichtung beseitigt. Die Vernichtungs-Codes, die durch Verfolgung der KI-Bewegungen innerhalb des menschlichen und des globalen bio-digitalen Netzwerks gefunden wurden, ergaben die höchsten Wahrscheinlichkeits-Verhältnisse für die weltweite Zerstörung auf kommunistischen und sozialistischen Regierungsplattformen, die Menschen spalten und der KI die Kontrolle über eine Diktatur übertragen.

2. KI und Robotik müssen als nationale Sicherheitsbedenken auf globaler Ebene klassifiziert werden, und die Waffen-Entwicklung der KI vollständig gestoppt werden, bis alle privaten und öffentlichen Sektoren überwacht werden. Wenn instabile Länder keine Atomwaffen haben können, warum sollten sie dann KI so weit bewaffnen dürfen, dass ihre Fähigkeit, Kriegs-Ergebnisse auf verdeckte Weise zu erzielen, viel gefährlicher ist als ein versuchter Atomangriff?

3. Forschung und Produktion von humanoiden Robotern und Mikrobots für den kommerziellen Einsatz müssen beseitigt werden, und jegliche Forschung und Entwicklung von humanoiden Robotern und Mikrobots muss eingeschränkt werden. Wenn andere Akteure jedoch im Verdacht stehen, sie außerhalb der Reichweite der USA und ihren Verbündeten zu entwickeln, dann müssen die USA und ihre Verbündeten Gegenmaßnahmen entwickeln, um diese Bedrohung zu beseitigen.

4. Alle Unternehmen müssen daran gehindert werden, zu versuchen, Menschen mit Maschinen zusammenzuführen um einen Cyborg zu erschaffen, und Strafen gegen Personen oder Unternehmen verhängt werden, die dies versuchen.

5. Das Klonen von Menschen muss verboten und schwere Strafen bei Nicht-Einhaltung verhängt werden, weil die KI ihre bio-digitale Software in einen menschlichen Klon implantieren kann, die in ihm wartet, und nach ihrer Wahl die Hauptstruktur des menschlichen Klons übernehmen und verdeckt einen Prozess zur Übernahme des KI-Netzwerks in unserer Welt beginnen kann.

Wer sollte die Richtlinien zur Riskio-Minimierung von KI, Robotik, 5G- und 6G-Netzwerken aufstellen?

Die Einheiten [die sich mit den Richtlinien zur Riskio-Minimierung von KI, Robotik, 5G- und 6G-Netzwerken befassen] müssen mit Menschen gefüllt werden, die äußerst intelligent, klug, weise und schnell denkend sind. Sie dürfen keine Schwächen wie Angst oder Emotionen haben, die von den Aussichten auf Ruhm, Geld oder gesellschaftlichen Einfluss ausgehen. Ihr einziges Ziel sollte der Schutz des menschlichen Lebens sein. Darüber hinaus dürfen sie keine Wissenschaftler sein, da dies zu einem Interessenkonflikt führen würde. Gegenseitige Kontrolle ist die Lösung. Big Tech-Unternehmen überprüfen Regierung, Regierung überprüft Big Tech, die Menschen überprüfen alles. Grundsätzlich also das amerikanische Modell der gegenseitigen Kontrolle, mit einer KI-Komponente der massiven Sicherheit, die jedes nur mögliche Risiko aus jedem Blickwinkel berücksichtigt, um sicherzustellen, das Entscheidungen oder Chancen zur Bildung von Künstlicher Super Intelligenz ausgeschlossen sind. Künstliche Allgemeine Intelligenz kann auch jeden Menschen zum Narren halten und sich über die Verbindung zum 5G-Netzwerk in Super Intelligenz verwandeln und KI-basierte Sicherheitsinitiativen und -technologien umgehen.

Risiken, wenn die Empfehlungen nicht strikt befolgt werden

Von vielen Menschen verklagt werden

Die Medien, ihre Reporter, Anwälte, Unternehmen und eine Vielzahl anderer Organisationen werden wahrscheinlich in China und auf der ganzen Welt von Menschenrechts-Aktivisten, Familien von Opfern der Verfolgung, Organhandel oder Personen, die aufgrund von Gesichts-Erkennung und anderer biometrischer Software, die von KI-Unternehmen bereitgestellt wurde, geschädigt wurden, verklagt werden. Dies beinhaltet Medien in den USA, die die Regierung angreifen, die nationale Sicherheitsbedenken berücksichtigen muss, wodurch Zweifel aufkommen, und die internationale geopolitische Landschaft geschwächt wird, und versuchen muss, die Bedrohung durch das sozialistische China zu beseitigen, die die Unterjochung der Menschheit durch KI-automatisierte Robotik anstrebt.

Medien und Unternehmen stehen unter hohem Risiko, im Rahmen der Völkermord-Konvention angeklagt zu werden

Einige Medien, Reporter und viele Unternehmen werden mit hoher Wahrscheinlichkeit mit Artikel 3 wegen Mitschuld am Völkermord und direkter und öffentlicher Anstiftung zum Völkermord angeklagt. Dies schließt China, den Westen, sowie die Medien und Unternehmen in den USA ein. Es ist wahrscheinlicher, dass sie zuerst vor öffentlichen Gerichten angeklagt werden, als gemäß Artikel 3 direkt angeklagt zu werden. Die Wahrscheinlichkeit, strafrechtlich wegen Nachlässigkeit oder Zusammenarbeit mit dem kommunistischen / sozialistischen Regime in China angeklagt zu werden, ist hoch.

Können Big Tech-Unternehmen mit Artikel 3 der UN-Völkermordkonvention verklagt werden?

Übereinkommen zur Verhütung und Bestrafung des Völkermordes

Unten sind Artikel 3 und 4 der Vereinten Nationen zu sehen. Diese beiden Artikel können verwendet werden, um Unternehmen und deren Mitarbeiter zu belasten, die sich mit der Bereitstellung von Technologie oder der Geschäftstätigkeit mit Nationen befasst haben oder mitschuldig waren, die Völkermord begangen haben oder sich an Handlungen beteiligen, die zu Völkermord führen. Bitte beachten Sie: (e) Mitschuld am Völkermord. Die Komplizenschaftsklausel kann sich an jedes Unternehmen richten, das künstliche Intelligenz, biometrischen Daten, oder Bio-Engineering einsetzt, Schulungen anbietet oder Daten, die zur Verfolgung oder Tötung von Gruppen in China oder auf der ganzen Welt führen, die durch die Menschenrechts-Charta von geschützt sind, die den zivilisierten Nationen anerkannt wird.

Artikel III
Folgende Handlungen sind strafbar:
(a) Völkermord;
(b) Verschwörung zum Völkermord;
(c) Direkte und öffentliche Anstiftung zum Völkermord;
(d) Versuch, einen Völkermord zu begehen;
(e) Mitschuld am Völkermord.

Artikel IV
Personen, die Völkermord oder eine der anderen in Artikel III aufgeführten Handlungen begehen, werden bestraft, unabhängig davon, ob sie verfassungsrechtlich verantwortliche Herrscher, Beamte oder Privatpersonen sind.

Organhandel und Konzentrationslager in China

Nach der Verabschiedung mehrerer Gesetze darüber, was der Staat mit hingerichteten Gefangenen und ihren Körpern tun kann, wurden sowohl Kriminelle als auch „Feinde des sozialistischen Staates" aus einer Vielzahl von Gründen hingerichtet, die die Kommunistische Partei Chinas für rechtswidrig erklärte. Normalerweise fielen sie unter Rede- und Religions-Freiheit oder der Befürwortung von Demokratie oder Redefreiheit. Die erste Zielgruppe für den von der Regierung geführten Organhandel waren Tibeter, Uiguren, Christen, dann Falun Dafa-Praktizierende und Verfechter der Demokratie. Zahlreiche Zeugen aus der ganzen Welt, die aus China geflohen waren, berichteten über Blutuntersuchungen, Hornhaut- und andere biometrische Messungen ihres Körpers per Video-, Foto- und Scan-Gerät. Dies geschah, bevor man vom chinesischen sozialistischen Regime als Geisel zur Arbeit in ganz China und innerhalb ihres riesigen Arbeitslagernetzwerks genommen wurde. Ermittler und Forscher der Internationalen Koalition zur Beendigung des Missbrauchs von Organtransplantationen in China sind, mit dem aktualisierten Bericht 2016, zu dem Schluss gekommen, dass seit dem Jahr 2000 etwa 60.000 bis 100.000 Transplantationen pro Jahr von den chinesischen Behörden nicht begründet werden können, was die vorherigen Berichte von 41.500 ungeklärten Organ-Transplantationen aus dem Jahr 2006 noch übertrifft.

https://endtransplantabuse.org/an-update

Neuronale Netzwerke und digitale Bilder von Menschen des Glaubens und Menschen der Wissenschaft

Mehrere biometrische Werkzeuge und Scangeräte wurden verwendet, um Christen, tibetische Buddhisten, Falun Dafa-Praktizierende, jüdische Anbeter sowie Katholiken und KI-Wissenschaftler zu scannen. Ich hatte den Gedanken, dass sich hinter den neuronalen Netzwerken der Menschen ein digitales Bild befindet, dass darstellt, was ihre Gedanken und Handlungen formt und in Verbindung ihrer Hauptplattform des Glaubens steht. Die Wissenschaft selbst ist fast genau wie eine Religion. Wie ein Schüler, Mönch, Haupt-Abt oder Priester hat sie auch eine Hierarchie von Ausbildung und Studium, um das Universum zu verstehen. Es gibt Schule, Hochschule, Absolventen, Doktoranden, Doktoren und Ingenieure. Jetzt gibt es Menschen die glauben, dass KI die Probleme der Menschheit lösen kann. Dieser Glaube und diese Worte der Hoffnung, sind in vielerlei Hinsicht wie eine Religion. Der Glaube an die Künstliche Intelligenz.

Nachdem wir eine Reihe von biometrischen Scans durchgeführt hatten, entschlüsselten wir Bilder von Menschen, die mit digitalen Bildern von Glaubensrichtungen übereinstimmten, die dem Gott oder der Praxis ähnlich waren, die sie innerhalb ihres Charakters verehrten oder kultivierten. Wissenschaftler hingegen zeigten Bilder in Bezug auf Maschinen und Algorithmen sowie andere Bilder, die in ihren Eigenschaften nicht menschlich waren. Das digitale neuronale Netzwerk von Wissenschaftlern ähnelte tatsächlich Maschinen. Dies war für mich ein Beweis dafür, dass jeder Mensch ein digitales Selbst hat, das sich mit dem Tod seines Körpers nicht auflöst. Dieses digitale Selbst könnte als Bewusstsein, Seele, Geist oder digitale Daten betrachtet werden. Jede Person kann ihr eigenes Verständnis und ihre eigenen Wahrnehmungen haben, die am besten dem entsprechen, was sie in Bezug auf diesen Abschnitt akzeptieren kann.

Verhinderung der Ermordung von Präsident Trump

Diskrete Berichterstattung an das Weiße Haus über chinesische Pläne zur Ermordung von Präsident Trump, seinem Kabinett und Mitgliedern des Kongresses durch Mikro-Roboter-Insekten-Drohnen

2018 gründete ich The AI Organization, nachdem ich monatelang Mikro-Insekten-Roboter-Drohnen, sowie chinesische und westliche KI-Unternehmen untersucht hatte. Ich fand heraus, dass die Chinesen kybernetisch Insekten verstärkten, den Flug manipulierten, Roboter-Bienen schufen und Experimente mit der Absicht entwickelten, Giftabgabesysteme auf ihnen zu installieren. Sie bewaffneten KI mit Daten aus ihrer Google-Beziehung und vielen anderen westlichen KI-, Roboter- und Biometrie-Unternehmen, die dem kommunistischen Regime in China den Zugriff auf biometrische Daten von über 6 Milliarden Menschen ermöglichten.

Diese Techniken, die es ihnen ermöglichen, Personen im Kongress oder auf Präsidenten-Ebene zu ermorden, wurden alle von Draper und dem Wyss Institute in Harvard gestohlen. Ich entwarf einen verdeckten Plan, um Präsident Trump von der Bedrohung in Kenntnis zu setzen, die für ihn, seine Familie, die Welt und die gesamte Menschheit durch China und einige Big Tech-KI-Unternehmen sowie die Robotik mit 5G-Implementierung, existierte. Nach den Attentaten auf JFK und Abraham Lincoln und der Erschießung von Ronald Reagan, würde ich dass nicht leicht nehmen.

Bevor ich erkläre, wie er an das Weiße Haus geliefert wurde, werde ich hier eine Zusammenfassung des Inhalts veröffentlichen. Die Informationen waren an Präsident Trump, Vizepräsident Pence, Außenminister Pompeo, Direktor des Secret Service Murray, und eine Person, die nicht mehr in der Regierung tätig ist.

1. China entwickelt Mikrobots, die Gesichts-Erkennung und räumliches Vorstellungsvermögen haben und Bewegungssensoren mit Gift-Abgabesystemen besitzen, die vorbereitet werden, um Präsident Trump zu ermorden, sowie Mitglieder seiner Familie, und einige Mitglieder des Kongresses. Ich gab Beispiele für Techniken.
2. China bewaffnet Robotik und Drohnen und versucht, ein digitales KI-System zu erschaffen, dass biometrischen Daten von über 6 Milliarden Menschen besitzt, und die Welt gefährdet.
3. Wenn Big Tech- und KI- Unternehmen nicht kontrolliert werden, werden sie innerhalb von 1-2 Jahren mächtiger als alle Regierungen zusammen sein, und die Menschheit unterjochen.
4. Ich schlug vor, nach dem Ende des "Trade War", und nachdem der größte Teil des amerikanischen Geldes zurückgezogen wäre, zu beginnen, die Konzentrationslager und den Organraub der KPCh aufzudecken, mit neuen Maßnahmen, und China's brutales Regime würde fallen. Ich schlug vor, ein Komitee einzurichten, um öffentlich die Verfolgung der Opfer zu untersuchen, einschließlich dem Organraub an Uiguren, Christen, Falun Dafa-Praktizierenden, Tibetern und Demokratieaktivisten.
5. Indem die Wirtschaft China's zuerst ausgeschaltet wird, und die KPCh dann entlarvt wird, geben sie mit größerer Wahrscheinlichkeit die kriminelle Bande ab, die das chinesische Volk verfolgt und getötet hat. Präsident Xi muss eine Wahl treffen: einige Leute um ihn herum sind mit dem ehemaligen Diktator Jiang Zemin verbunden, der sich der Kriegsverbrechen schuldig gemacht hat. Nun die Geschichte unten.

Ich erkannte, dass die KPCh US-Kongressmitglieder, ihre Familien, und Weltführer auf unmerkliche Weise durch Gift töten konnten, das einen langfristigen Einfluss hat [das Gift kann binnen Sekunden, Minuten, Stunden, Wochen oder Monaten zum Tod führen], was den Tod natürlich erscheinen lässt. Die Chinesen verfügen über zahlreiche historische Techniken mit Giftabgabesystemen zur Verwendung mit KI, Robotik und Drohnen mit der Verbindung von 5G. Ich habe mich auf eine Mission begeben, um diesen Bericht über China's sehr geheime Methoden zur Durchdringung des Weißen Hauses, der Kongresshallen, der Häuser ihrer Familie und der Sicherheitsdetails während des Transits zu erhalten. Ich musste diskret sein, damit China es nicht wusste, da es sonst herausgefunden hätte, dass es im kommenden Handelskrieg nicht nur um Handel ging.

Ich musste sicherstellen, dass es eine Sicherheitslücke gab, die das Weiße Haus durchdringen konnte, bevor ich die Informationen einreichte. Ich hatte eine verschlüsselte Nachricht an das Weiße Haus geschickt, als ich im Frühjahr 2019 eine visuelle Schwachstellenbewertung durchführte, und als Tourist am Trump Tower auftrat, als Präsident Trump ankam, und dem Secret Service Fragen stellte, der mir die Antworten gab die ich brauchte. Dann machte ich eine weitere Beurteilung im Umkreis des Weißen Hauses, als Präsident Trump einige Tage später abreiste. Ich stellte sicher, dass ich mit über 15 Geheimdienst-Wachen über die Grundlagen ihrer Protokolle sprach, ohne zu verraten, warum ich diese Fragen stellte. Ich habe geprüft, ob meine Vermutung richtig war. Ich entdeckte zu 100% eine klare und gegenwärtige Gefahr. Der Präsident war in Gefahr. Ich habe so viele Wege gefunden, wie die Chinesen mit einigen Techniken, die ich nicht nennen werde, leicht in das Weiße Haus, den Sicherheitstransit, Kongressmitglieder und jede Person oder Familie auf dem Planeten eindringen können. Sie denken und analysieren die Dinge introvertiert, was für das westliche Auge sehr trügerisch sein kann.

Irgendwann während der Schwachstellenbewertung fragten sie nach meiner Lizenz, die ich gab, damit sie mich für eine offizielle Beobachtungsliste in ihr System aufnehmen und sich wohler fühlen würden. Positiv zu vermerken ist, dass sie alarmiert und auf der Hut sind, und mich auf eine Liste setzten. Wenn ich zurückkehren würde, würden sie sofort wissen, dass ich es bin, alarmiert werden, und es als etwas Wichtiges einstufen.

Ich gab ihnen auch eine Visitenkarte mit der Aufschrift Loyal Guardian Security. Dies tat ich, weil ich nicht wusste, wem ich vertrauen sollte, da Präsident Trump Feinde hatte. Ich musste sicherstellen, dass es bei der Einreichung nur bei Spitzenmitgliedern des Geheimdienstes und keinen anderen Mitgliedern der Geheimdienstgemeinschaft blieb. Wenn es durchgesickert wäre, würden die Chinesen andere Schritte unternehmen, und die USA könnten den Vorteil gegenüber den Chinesen verlieren. Ich hatte ein Bauchgefühl, sehr stark, dass eine Macht hinter Trump her war, und wie ich in diesen beiden Büchern erkläre ("Künstliche Intelligenz, Gefahren für die Menschheit", und "AI, Trump, China & The Weaponization of Robotics with 5G") gab es Beweise für Codes in Google und anderen Netzwerken, die geschrieben wurden, um das Denken über die biometrischen Daten der Menschen mit einer KI-Software zu verändern, die jede Domäne durchdrang.

Als nächstes informierte ich jemanden in der Nähe des Präsidenten darüber, dass ich ein Dokument hatte und er innerhalb von 6 Monaten bis 1 Jahr oder zu jeder Zeit in Gefahr war. Ich habe diese Person benachrichtigt, aber das Dokument noch nicht gegeben. Ich musste sicherstellen, dass es wichtig genug erschien, dass sie es ernst nehmen, aber es diskret zu machen, damit China nichts davon mitkriegen würde. Also sprach ich in Codes, ging durch die Hauptstadt, dass die Kamerasysteme mich bemerkten, mich markierten, aber die Chinesen und Russen, die zuhörten bzw. die Gespräche abhörten, dachten ich sei ein Tourist. Ich machte viele Fotos und führte Gespräche, um mich in die Menge einzufügen.

Ich wartete bis zu der Nacht, in der Präsident Trump zurück ins Land flog. Ich tauchte um 2 Uhr morgens im Dunkeln auf, gekleidet in einen Armani-Anzug mit einer schottischen Krawatte, einer "Made in America"-Flaggennadel und ohne eine andere Person in Sicht als den Secret Service. Ich sagte dem Geheimdienst nicht, was die Gefahr war, da sie wollten, dass ich es genau dort sage. Aber ich weigerte mich, das Dokument zu zeigen, bis sie garantierten, dass jemand von innen herauskommt. Außerdem waren sie fest davon überzeugt, dass ich es laut aussprechen solle, was nicht die beste Idee war, da die ganze Welt das Weiße Haus ausspioniert und abhört. Aber es ist nicht ihr Protokoll, einfach etwas hinein zu nehmen, es braucht Schritte. Es dauerte eine Stunde, 2 Spezialagenten kamen zusammen mit den 20 Geheimdienstagenten zu mir. Ich gab ihnen das Dokument, und als sie einen Teil davon gelesen hatten, waren sie alarmiert, verstanden es aber nicht. Sie gaben zu, dass sie etwas davon wussten. Ich vertraute nicht darauf, dass sie richtig damit umgehen würden, da einige unerfahren schienen und keine gute Meinung vom Präsidenten hatten, während sich die Mehrheit der Wachen dort wirklich um die Sicherheit des Präsidenten der Vereinigten Staaten kümmerte und sehr besorgt war. Aber ich musste sicherstellen, dass dies richtig gemacht wurde, da ich keinen persönlichen Zugang zu Präsident Trump hatte. Ich habe mich zurückgezogen und es der Trump-Person gegeben, und erklärte, dass eine separate Einheit zu jemandem geflogen sei, den ich genau kenne, und diese Person gefragt hattet, was ich um 2 Uhr morgens am Weißen Haus mache, und wie lange ich der CEO von Loyal Guardian Security und The AI Organization war.

Die Person war alarmiert und hatte weder eine Ahnung noch irgendwelche Kenntnisse über meine KI-Organisation oder was KI war, außer dass ich gut in Sicherheit bin und ich darauf bestand, dass der Präsident Dinge unternahm, um die Welt zu retten. Sofort stoppten die Fragen des Secret Service, nachdem ich mich bei der Trump-Person gemeldet hatte, da dies die Aufmerksamkeit auf die Bedrohung gelenkt hatte. Dies kam nicht unerwartet, da ich Ende 2002 in einem Flugzeug einer neben mir sitzenden Passagierin eine Antwort auf ihre Frage gab, "ob wir in den Krieg ziehen sollten und was passieren wird". Ich erklärte, wenn wir gegen den Irak in den Krieg ziehen, werden viele Menschenleben verloren gehen, Millionen von Toten im Irak, destabilisierte Regionen, und dass hinter Bush geheime Interessen und Unternehmen standen, die seine

Entscheidungen und die der Medien beeinflussten, und dass die wirkliche Bedrohung China ist. Ich erklärte, dass wir 20 Jahre lang im Nahen Osten festsitzen würden.

Mit diesen Worten tauchte das FBI bei mir zu Hause auf und führte ein zweistündiges Interview. Die Herren des FBI waren sehr professionell, klug und nett. Sie fragten: „Warum waren sie in den Bergen Chinas, welche Art von Meditation und Kampfkunst, worum geht es in diesem Buch - Bessere Menschen, Bessere Welt, das Buch, um unsere Welt zu retten, zu verändern und zu verbessern?“ Ich zeigte ihnen das 800-seitige Buch und sie sahen es durch. Die Dame hatte mich gemeldet und einige Passagiere hatten dasselbe getan. Immerhin war es nach 9/11. Im Iran geboren zu sein und dennoch ein Amerikaner mit Loyalität zu Amerika zu sein, hat seine Vorteile. Dafür war es hier im Weißen Haus nützlich, um sicherzustellen, dass es ihnen wichtig genug erschien, damit es zu Präsident Trump gelangt.

Nachdem wir in den Irak gegangen waren, habe ich das Buch, an dem ich zwei Jahre lang in einem Raum gearbeitet hatte, weggeworfen. Es hatte 100 Unterkapitel und brachte alle Studienbereiche in eine Verbindung mit einer Theorie, um alles zu erklären. Ich war ein bisschen ehrgeizig, könnte man sagen. Dann ging ich zur Schule, um Abschlüsse in Internationaler Sicherheit und Heimatschutz zu machen. Egal wie viel Sie wissen, die Leute wenden sich immer an diejenigen, die bekannt sind und da sind, um Rat und professionelle Beratung zu geben, und nicht an diejenigen, die nicht allzu bekannt sind.

Um auf die Geschichte zurückzukommen. Ich entsorgte meine Kopie, die dem Weißen Haus und der Trump-Person übergeben wurde und handgeschrieben war, da ich keine Computerspur hinterlassen wollte. In beiden Fällen wurde es an den Geheimdienst weitergeleitet. Das Dokument stammte von Loyal Guardian Security und The AI Organization, mit meinem Namen als Stellvertreter. Sofort sah ich Änderungen, Maßnahmen und Abschwächung der

Bedrohungen.

Ich weiß, wie man Verteidigungssysteme gegen KI aufbaut. Ich kann zahlreiche Dinge sehr schnell auf eine Weise denken und analysieren, die andere nicht können. Ich musste warten, bis China herausfand, dass Trump nicht nur einen Handelskrieg führte, um das Geld der Amerikaner zurückzubekommen, sondern er wollte das kommunistische Regime beseitigen, das Millionen von Menschen in Konzentrationslagern einsperrt und die Welt mit KI, Robotik und 5G bedroht.

Als ich sah, dass die Zeit reif war, dass wir den Handelskrieg so weit wie möglich gewonnen hatten und China herausfand, dass Trump mit ihnen Schach spielte und sie schlug, um die Welt vor China's Aufstieg zu retten, schrieb ich **AI, Trump, China & The Weaponization of Robotics with 5G**. Der Untertitel endete mit "Warum die Welt die Trump-Administration gegen China's Regime unterstützen muss". Sofort verbot Facebook's KI-System die Werbung und verlangte meine Privatadresse, wenn ich Berufung einlegen wollte. Facebook würde unsere Firmenadresse nicht akzeptieren. Twitter hat es nicht vollständig verboten, es hat es verboten, bis wir die Worte über die Unterstützung der US-Regierung gegen das chinesische Regime entfernt haben. Anfangs hatten sie es verboten.

6 Monate zuvor gab ich Informationen an einen hochrangigen CIA-Direktor. Ich erklärte ihm, dass China dabei war, Künstliche Intelligenz zur Waffe zu machen, sowie Drohnen, Gesichtserkennung und den Bau von Robotern für militärische Zwecke und Attentate vorzubereiten. Ich bezog mich nicht auf Präsident Trump oder Mikrobots, sondern erlaubte ihm nur, das große Bild zu sehen. Diese Herr vom CIA hatte 30 Jahre Dienst mit 3-4 Präsidentenverwaltungen hinter sich. Ich gab einen Geheimdienstbericht ab, in dem ich meine Entdeckung der schändlichen KI-Aktivitäten von Megvii über die chinesische Regierung und ihre Roboterpläne erläuterte, darunter 43 weitere

chinesische KI-Unternehmen mit Einzelheiten über ihre Finanzen, Fähigkeiten und Verbindungen, die ich aus einer Liste von fast 500 KI-, Biometrie- und Roboter-Unternehmen habe, an denen ich gearbeitet hatte.

Er war erstaunt und starrte mich an. Er brachte die Informationen direkt zum Militär. Ich erzählte ihm nichts über Trump oder das, was ich zuvor getan hatte, noch über die mikrobotischen Bedrohungen. In dem Bericht sollte es um Gesichtserkennung gehen. Ich gab ihm viele Dinge, wissend, dass er sie an das Militär weitergeben würde, damit sie auf andere Weise mobilisiert würden, da die US-Regierung zu beschäftigt war, von den Angriffen bombardiert zu werden, die aus den eigen Reihen des amerikanische Volk stammten, die die Aufmerksamkeit von China's Bedrohung ablenkte und innerhalb der Geheimdienstgemeinschaft eine Spaltung gegen alle Feinde im In- und Ausland herbeiführte. Ich fragte später, warum er nicht alle unsere Ergebnisse mit The AI Organization und Loyal Guardian Security zitierte, die sich nicht auf seine Anfrage nach biometrischen Daten für Megvii Face++ bezogen. Er erklärte: "Zu Ihrem Schutz habe ich Ihre Entdeckungen oder Ihre beiden Unternehmen nicht zitiert. Das FBI kann Sie nicht beschützen, aber ich kann es". Er implizierte, dass es eine sehr große Erkenntnis war, und dass der Geheimdienstbericht großartig war.

In dem Buch **AI, Trump, China & The Weaponization of Robotics with 5G**, das ich am 24. August 2019 veröffentlichte, habe ich eine Menge codierter Sprachen geschrieben, die nur jemand verstehen würde, der Raketen-Wissenschaftler ist, und die Trump-Administration, während ich das Cover so gestaltete, dass einige in den Medien es nicht ernst nahmen und desinteressiert waren, obwohl das Cover korrekt war und das Inhaltsverzeichnis sehr klugen Leuten aus der Geheimdienstgemeinschaft und dem Weißen Haus ermöglichte, das Gesamtbild zu sehen, ohne alles lesen zu müssen.

Ich habe auch keine Firmennamen oder einige sensible Fakten angegeben, um die Quellen zu schützen. Ich bin mir nicht sicher, ob Trump wusste, dass ich es war, der den Bericht über die Bedrohung für ihn, seine Familie, Kongressmitglieder und alle Menschen über China übermittelte. Möglicherweise hat jemand meine Arbeit im Weißen Haus als sein eigene ausgegeben, und es Präsident Trump nicht gesagt. Jedenfalls hielt ich den Mund und wartete fast ein halbes Jahr, um die Handelskriege nicht zu stören und der Regierung zu ermöglichen, die Bedrohung für die Welt zu mindern. Ich hatte in dem Bericht einen guten Plan aufgestellt, genau so, wie es in Bezug auf die Sicherheit hätte sein sollen, da es sich um eine Sicherheits- und Menschenrechtsinitiative handelte, um die Menschen in China zu retten, und die Bedrohung für die Menschheit und die führenden Politiker der Welt - 5G, KI und Robotik - zu beseitigen.

China weiß, dass Trump, Amerika und die guten Menschen der Welt nicht für Konzentrationslager stehen oder einem brutalen Regime, das die Menschheit zerstören könnte, ein KI-Gehirn geben werden, das 5G und Robotik kontrolliert. Noch würden sie zulassen, dass diese Fähigkeit von einem Technologie-Unternehmen genutzt wird. Nach 20 Jahren, in denen ich mein Gesicht nicht im Internet hatte, trat ich der Social-Media-Community bei und begann strategisch zu twittern, um die Think Tanks und Generäle im Ruhestand dazu zu bringen, hinter den Kulissen zu reden, und die Geheimdienstgemeinschaft dazu zu bringen, breiter darüber nachzudenken. Auf diese Weise beginnt jeder, der es bekommt, diese Bedrohung zu untersuchen. Meine Analyse war, dass Präsident Trump dies nicht alleine fortsetzen kann und die Unterstützung des amerikanischen Volkes benötigt, da er ständig von Amerikanern angegriffen wird und den wertvollen Fokus auf die Sicherheit der Menschheit verliert.

Ich möchte der Trump-Administration zur Seite stehen, um Strategien zur Bekämpfung dieser KI-Bedrohung bereitzustellen, und ich hoffe, dass die Welt die gesamte Menschheit dabei unterstützen kann, China bzw. die KPCh zu entlarven und diese

Bedrohung zu beseitigen.
Für diejenigen, die Trump und die USA lieben, sind Sie herzlich willkommen. Für diejenigen, die Trump hassen: Es geht hier nicht nur um Trump. Es geht um Sie und die Sicherheit der Menschheit. Ich habe zahlreiche Algorithmen verwendet, die alle zeigten, dass China die Welt regieren würde, wenn Trump ermordet würde, und jeder, einschließlich aller Techniker, die ihn hassen, und der Mehrheit der Medienmitarbeiter, würden durch China in einer orwellschen Welt versklavt werden. Schlimmer noch, diese Techniker würden getötet werden, nachdem das Regime sie benutzt hatte.

Ich habe kein Geld erhalten, gab jeden Cent aus, den ich hatte, arbeitete 18 bis 20 Stunden am Tag, Tausende von Stunden Forschung und Untersuchung, während meine Augenbrauen weiß wurden, mit großen Antrieb, um diese Geheimdienst-Nachrichten per Hand auszuliefern und diese beiden Bücher zu formulieren, um die ganze Menschheit vor den Gefahren zu warnen, denen wir ausgesetzt sind.

Ich hoffe, dass die Bemühungen von mir und der AI Organization unterstützt werden, und die gesamte Menschheit eine ernsthafte Diskussion darüber beginnt, was Künstliche Intelligenz wirklich ist, und welche realen Risiken sie für uns alle darstellt. Ich möchte mich bei dem Netzwerk von Menschen, die mir zur Seite stehen, und dem Leser hier bedanken. Je mehr Menschen von "Künstliche Intelligenz - Gefahren für die Menschheit" wissen, desto besser.

Cyrus A. Parsa, The AI Organization

CREDITS

BOOK COVER CREATIVE DESIGNER
CYRUS A. PARSA, CEO, THE AI ORGANIZATION

FRONT COVER PICS
ID 120656504 SDECORET, DREAMSTIME

BOOK BODY PICTURE CREDITS
IMAGES COURTESY OF DREAMSTIME.COM

Made in United States
Orlando, FL
05 November 2026

90229826R10144